GÉOMÉTRIE

ÉLÉMENTAIRE

DANS SES APPLICATIONS AU DESSIN LINÉAIRE

A LA MESURE DES SURFACES ET DES VOLUMES

MÊME LIBRAIRIE

OUVRAGES NOUVEAUX

COURS D'ÉTUDES DE L'ENSEIGNEMENT SPÉCIAL

Notions de chimie, par C. HARAUCOURT, ancien élève de l'École de Cluny, agrégé des sciences physiques appliquées, professeur au lycée Corneille de Rouen.

Première et Deuxième année. 1 volume in-8, broché. . . . . 2 »

Troisième année. 1 volume in-8, broché 2 50

Leçons élémentaires de chimie, à l'usage des élèves des écoles normales d'institutrices, des classes supérieures des pensionnats de demoiselles et des jeunes personnes qui se préparent aux examens du brevet supérieur, par LE MÊME. 1 volume in-8, broché. . . . . 2 »

Géométrie descriptive, traité élémentaire théorique et pratique conforme aux programmes officiels d'enseignement secondaire spécial, *troisième et quatrième année*, et de l'enseignement secondaire classique, contenant de nombreuses applications aux ombres, à la coupe des pierres, à la coupe des bois, au levé des plans, au nivellement et à la perspective, par MM. THOMY-CANONVILLE, ingénieur civil, ancien élève de l'École centrale, et FÉLICIEN GIROD, ancien élève de l'École de Cluny, agrégés de l'Université, professeurs au lycée de Rouen.

Cours de troisième année, renfermant de nombreuses figures sur fond noir intercalées dans le texte. 1 volume in-8, broché 2 50

Cours de quatrième année. 1 volume in-8, broché. 3 50

Leçons nouvelles de mécanique rédigées conformément au programme du baccalauréat ès sciences et de l'École de Saint-Cyr, par M. GAND, ingénieur des arts et manufactures, ancien élève de l'École centrale, professeur de mathématiques. 1 volume in-8, broché. . 3 50

Traité de mécanique théorique et pratique, contenant toutes les questions renfermées dans le programme de l'enseignement spécial, par LE MÊME.

Cours de troisième et quatrième année. 1 volume in-8, broché. . . 4 »

Morceaux choisis des prosateurs et des poëtes français depuis la formation de la langue jusqu'à nos jours, avec Notices biographiques, Jugements littéraires extraits des meilleurs critiques, Rapprochements, Imitations, Notes explicatives, par LÉO DUCROS, professeur de l'Université. *Deuxième édition.* 1 beau vol. in-12 de plus de 600 pages, cart. 3 »

Tenue des livres mise réellement à la portée de tous d'après une méthode ingénieuse et pratique, par M. Alexandre ASSIER, chef d'institution et auteur de plusieurs ouvrages classiques. *Deuxième édition*, revue et corrigée. 1 volume in-12, cartonné. . . . . 1 »

Boîte monétaire auxiliaire à la méthode. . . . . 4 »

Cette tenue de livres est complétée par *une boîte* où sont contenus les *effets à recevoir*, les *effets à payer*, les *billets de banque* et les différentes monnaies d'or, d'argent et de bronze, de sorte que les élèves peuvent opérer comme s'ils étaient dans une maison de commerce. Ce travail, qui captive constamment leur attention, leur facilite la rédaction des articles du *Brouillard* au *Journal* et le transport de ces articles dans les comptes du *Grand-Livre*, et leur prouve de plus que, pour gérer ses affaires et celles des autres, il faut une certaine aptitude et surtout une attention soutenue.

SCEAUX. — IMP. CHARAIRE ET FILS.

GÉOMÉTRIE

ÉLÉMENTAIRE

EXPOSÉE DANS SES APPLICATIONS AU DESSIN LINÉAIRE ET A LA MESURE DES SURFACES ET DES VOLUMES

BIBLIOTHÈQUE DE L'IMPRIMERIE NATIONALE R.F.

OUVRAGE DESTINÉ

A L'ENSEIGNEMENT PRIMAIRE DE TOUS LES DEGRÉS
A L'ENSEIGNEMENT SPÉCIAL
A LA CLASSE DE QUATRIÈME DE L'ENSEIGNEMENT CLASSIQUE
AUX ASPIRANTS ET ASPIRANTES AU BREVET DE CAPACITÉ

PAR

G. BOVIER-LAPIERRE

Professeur honoraire de l'École normale de Cluny,
Membre de la Société de linguistique de Paris,
Membre de la Commission des examens de l'Hôtel de Ville de Paris, pour le brevet de capacité,
Officier de l'Instruction publique,
Auteur de plusieurs ouvrages classiques.

PARIS
LIBRAIRIE CLASSIQUE DE F.-E. ANDRÉ-GUÉDON
Successeur de Mme Ve Thiériot
15, RUE SÉGUIER, 15

1879

INTRODUCTION

S'il était encore permis d'employer une formule usée, nous oserions dire que *le besoin de ce nouveau livre se faisait généralement sentir;* car c'est sur des instances nombreuses que nous nous sommes décidé à l'écrire. En effet, les ouvrages de géométrie destinés à l'enseignement élémentaire et pratique peuvent être classés en deux catégories. Les uns, sous prétexte de simplicité, ne sont trop souvent qu'une sèche nomenclature de règles et de procédés mécaniques; les autres, pour être courts, ne présentent qu'un abrégé des traités en usage dans l'enseignement secondaire classique.

Entre ces deux groupes extrêmes, il y a un terrain intermédiaire trop négligé jusqu'à présent, où la géométrie des écoles primaires peut être cultivée sans peine et avec fruit, où l'enseignement intuitif peut la faire surgir pour ainsi dire du sol par un développement tout naturel.

Qu'est-ce que la méthode intuitive? Qu'est-ce que l'intuition? Ici nous sommes heureux d'emprunter une réponse qui à la plus grande clarté joint la plus haute autorité. C'est M. Buisson, le savant directeur du *Dictionnaire de pédagogie et d'éducation*, qui nous la fournit.

« Le mot *intuition*, qui n'est pas encore d'un usage très-commun, « dit-il[1], est un mot parfaitement formé, qui appartient à notre bonne « langue, et, comme tous ceux qui expriment un fait très- « simple, il est plus facile à comprendre qu'à définir. L'intuition, « c'est l'acte le plus naturel et le plus spontané de l'intelligence « humaine, celui par lequel l'esprit saisit une réalité, sans effort, « sans intermédiaire, sans hésitation. C'est une « *perception immé-* « *diate* », qui se fait d'un seul coup d'œil en quelque sorte. S'agit-il « d'une réalité matérielle? Les sens la perçoivent aussitôt; c'est le « cas le plus simple, le plus familier, le plus facile à remarquer. « S'agit-il d'une idée, d'une vérité, de réalités enfin qui ne tombent « pas sous les sens? Nous disons encore que nous les saisissons « par intuition, lorsqu'il suffit à notre esprit qu'elles se présentent « à lui pour qu'il les affirme et les comprenne, sans le secours du « raisonnement et de la discussion. Nous procédons par intuition « toutes les fois que notre esprit, soit par les sens, soit par le juge- « ment, soit par la conscience, connaît les choses avec ce degré « d'évidence et de facilité que présente à l'œil la vue distincte d'un « objet. Ainsi l'intuition n'est pas une faculté à part; ce n'est pas « quelque chose d'étranger et de nouveau dans l'âme humaine. « C'est l'âme humaine elle-même percevant spontanément ce qui « existe en elle ou autour d'elle. De là trois sortes d'intuitions ou « plus exactement trois domaines dans lesquels l'intuition peut « s'exercer sous des formes diverses, mais toujours avec les mêmes « caractères essentiels : l'*intuition sensible*, celle qui se fait par les « sens; l'*intuition mentale* proprement dite, celle qui s'exerce par « le jugement sans l'intermédiaire ni de phénomènes sensibles ni « de démonstration en règle; enfin l'*intuition morale*, celle qui « s'adresse au cœur et à la conscience.

« Par ce rapide exposé, vous voyez tout de suite en quoi notre « définition française de l'intuition diffère de celle des philosophes « allemands, et vous pressentez que la méthode intuitive qui en « dérivera ne sera pas celle qui attend tout des sens.

1. Conférence sur la méthode intuitive.

« La méthode intuitive, telle que nous la comprenons, est celle « qui en tout enseignement fait appel à cette force *sui generis*, à ce « coup d'œil de l'esprit, à cet élan spontané de l'intelligence vers « la vérité. Elle consiste non dans l'application de tel ou tel pro- « cédé, mais dans l'intention et dans l'habitude générale de faire « agir, de laisser agir l'esprit de l'enfant en conformité avec ce que « nous appelions tout à l'heure les instincts intellectuels. »

Or, y a-t-il dans le domaine de l'instruction primaire un champ où cette méthode féconde puisse être employée avec plus d'intérêt et plus de succès que dans celui de la géométrie ? Tout enfant saisit du premier coup que par un point *il ne peut y avoir qu'une droite perpendiculaire à une autre droite*, que *la perpendiculaire est la plus courte distance entre un point et une droite*, que *dans un triangle isoscèle les angles opposés aux côtés égaux sont égaux*, que *dans un cercle deux cordes égales sous-tendent des arcs égaux et sont à la même distance du centre*, etc. Il en est ainsi pour la plupart des vérités géométriques. Par exemple, l'enfant ne possède-t-il pas déjà avec un certain degré de netteté la connaissance des caractères généraux qui constituent la similitude géométrique de deux figures, comme nous le montrons dans cet ouvrage ? Pourquoi donc la prendre en dehors de lui, et la lui présenter sous la forme d'une loi abstraite, dont il ignore l'origine et qui lui semble avoir été inventée par les savants ?

Quant aux théorèmes qui ne se manifestent pas avec la même spontanéité, tels que celui de la somme des angles d'un triangle, de la mesure de l'angle inscrit, de la mesure de la surface d'un triangle ou du volume d'une pyramide, il n'est pas besoin de longs raisonnements pour les mettre en évidence. Nous n'en exceptons pas même le théorème si important du carré de l'hypoténuse ; la démonstration que nous en donnons pourrait être comprise aussi bien dans le cours inférieur de l'école que dans le cours supérieur.

Telle est la marche que nous avons cherché à tracer pour tous ceux qui ont le désir d'acquérir une connaissance sérieuse de la géométrie élémentaire, sans être obligés d'aller la chercher dans les théories et les démonstrations réservées aux disciples d'Euclide. C'est aux maîtres à voir si nous avons approché du but que nous nous étions proposé : débarrasser la géométrie de l'aridité qu'on lui reproche ; y répandre la lumière indispensable pour éclairer le chemin ; en montrer à chaque pas l'utilité par des applications d'un caractère usuel.

Si nous ne nous faisons illusion, il nous semble que ce livre ne serait pas sans utilité pour les élèves des écoles normales. Dans le cadre que nous lui avons donné, les futurs maîtres peuvent introduire, sans y rien déranger, certains développements qu'ils jugeront à propos d'étudier pour compléter leurs connaissances, et en même temps ils se familiariseront avec une méthode qui les aidera plus tard avec beaucoup d'efficacité dans leur enseignement.

Il y a une autre classe de lecteurs à qui nous offrons notre livre ; ce sont les aspirantes au brevet supérieur. Témoin du zèle qu'elles apportent dans la préparation d'un examen qui n'est pas sans difficultés, nous avons cherché à faciliter leur tâche dans cette partie de leur programme. Nous serions heureux, si elles trouvaient ici la méthode et la clarté qu'elles se plaignent de ne pas rencontrer à un degré suffisant dans les ouvrages qu'elles ont eus jusqu'à présent entre les mains.

TABLE DES MATIERES

OBSERVATION. — *Cette table contient l'énoncé de toutes les questions traitées dans l'ouvrage, afin qu'elle en soit un résumé aussi complet que concis.*

On lui a donné la forme de questionnaire, pour que le maître, après avoir développé une leçon, puisse fixer nettement aux élèves les questions auxquelles ils devront répondre dans la classe suivante, et s'assurer ainsi qu'ils ont étudié et retenu ce qui leur a été expliqué.

PREMIÈRE PARTIE

CHAPITRE I.

VOLUME, SURFACES ET LIGNES. — CIRCONFÉRENCE.

1. Qu'appelle-t-on volume, capacité, surface, ligne, point?
2. Qu'est-ce que la ligne droite, la ligne courbe, la ligne brisée?
3. Qu'est-ce qu'une surface plane, une surface courbe?
4. Donnez la définition de la géométrie.
5. Combien faut-il de points pour fixer la position d'une droite?
6. Comment vérifie-t-on la règle?
7. Qu'est-ce que la circonférence et comment la décrit-on?
8. Qu'appelle-t-on rayon, diamètre, arc, corde, flèche?
9. Énoncez les principales propriétés du diamètre.
10. Comment prend-on sur une circonférence deux arcs égaux?

CHAPITRE II.

DROITES QUI SE COUPENT. — ANGLES. — PERPENDICULAIRES.

1. Qu'est-ce qu'un angle? Qu'entend-on par angles égaux?
2. Peut-on combiner des angles par addition et soustraction?
3. Quand deux droites se coupent, que sont, l'un par rapport à l'autre, les deux angles opposés par le sommet?
4. Qu'est-ce qu'une droite perpendiculaire à une autre droite?
5. Qu'appelle-t-on angle droit?
6. Qu'est-ce qui montre que tous les angles droits sont égaux?
7. Quel angle prend-on pour unité dans la mesure des angles?
8. Qu'appelle-t-on angles supplémentaires, angles complémentaires?
9. Peut-on mener par un même point plusieurs perpendiculaires à la même droite?
10. Qu'est-ce qu'une ligne oblique?
11. Qu'est-ce qu'une équerre et comment peut-on facilement en construire une?
12. Qu'appelle-t-on ligne verticale, surface horizontale, ligne horizontale?
13. Décrivez le niveau à bulle d'air, le niveau à fil à plomb, le niveau d'eau, et indiquez-en l'usage.

CHAPITRE III.

DROITES PERPENDICULAIRES ET OBLIQUES.

1. Citez les propriétés de la perpendiculaire et des obliques menées du même point à la même droite.
2. Comment mesure-t-on la distance d'un point à une droite?
3. Énoncez la propriété de la droite perpendiculaire au milieu d'une autre droite.
4. Tracez à l'aide du compas une droite qui soit perpendiculaire au milieu d'une droite donnée.
5. Menez à l'aide du compas une perpendiculaire à une droite par un point donné.
6. En combien de parties égales peut-on diviser une droite au moyen du tracé d'une perpendiculaire?
7. Comment opère-t-on pour la diviser en un nombre quelconque de parties égales?
8. Qu'appelle-t-on points symétriques par rapport à une droite?
9. Indiquez comment on trace une figure symétrique d'une autre figure par rapport à une droite donnée.

CHAPITRE IV.

DES PARALLÈLES.

1. Quelle propriété possèdent deux droites perpendiculaires à la même droite?
2. Donnez la définition des parallèles.
3. Indiquez un moyen de mener une parallèle à une droite.
4. Comment se mesure la distance entre deux parallèles?
5. Indiquez d'après cette distance un deuxième moyen de mener une parallèle à une droite.
6. Citez des exemples de droites parallèles.
7. Énoncez les propriétés des huit angles formés par deux parallèles coupées par une troisième droite.
8. Indiquez les dénominations données à ces angles.
9. Quelles sont les propriétés de deux angles qui ont leurs côtés parallèles?

CHAPITRE V.

MESURE ET CONSTRUCTION DES ANGLES.

1. Comment pourrait-on mesurer directement un angle?
2. Énoncez la relation qu'il y a entre deux angles ayant leur sommet au centre d'une circonférence et les arcs interceptés entre leurs côtés.
3. Expliquez comment la mesure d'un angle est donnée par l'arc correspondant.
4. Indiquez la division et les subdivisions de la circonférence.
5. Qu'est-ce que le rapporteur? Comment s'en sert-on?

6. Indiquez les moyens de construire un angle égal à un autre : 1° à l'aide du rapporteur; 2° à l'aide du compas.
7. Construisez un angle égal à la somme ou à la différence de deux angles.
8. Indiquez comment on divise un angle en deux, quatre, huit, seize parties égales.
9. Qu'appelle-t-on bissectrice d'un angle? Quelle propriété possèdent ses points?
10. Qu'est-ce qu'un angle inscrit? Quelle en est la mesure?
11. Que valent les angles inscrits dans un demi-cercle?
12. Elevez, à l'aide de cette propriété, une perpendiculaire à l'extrémité d'une droite sans la prolonger.

CHAPITRE VI.

CIRCONFÉRENCE. — TANGENTE.

1. Combien peut-on décrire de circonférences par deux points?
2. Indiquez le moyen de décrire une circonférence par trois points. Peut-on en décrire plusieurs?
3. Comment trouve-t-on le centre d'un cercle ou d'un arc?
4. Dites les propriétés du diamètre perpendiculaire à une corde.
5. Quelle relation y a-t-il entre les longueurs de deux cordes et leurs distances au centre?
6. Dites la propriété des arcs interceptés entre deux droites parallèles.
7. Qu'est-ce qu'une droite tangente à la circonférence? Peut-on l'envisager comme une sécante?
8. Quelle est la position de la tangente sur le rayon mené au point de contact?
9. Indiquez le moyen de mener une tangente par un point pris sur la circonférence.
10. Indiquez les deux moyens de mener une tangente à la circonférence par un point pris hors de la circonférence.
11. Indiquez comment on mène une tangente à deux circonférences : 1° quand la tangente doit être du même côté des deux circonférences; 2° quand elle doit passer entre les deux circonférences.
12. Dites la position de la droite des centres sur la corde qui unit les points d'intersection de deux circonférences.
13. Qu'appelle-t-on circonférences tangentes?
14. Indiquez les diverses positions que peuvent avoir deux circonférences l'une par rapport à l'autre.
15. Énoncez la relation qu'il y a pour chaque position entre la distance des centres et les rayons.
16. A quoi sert la connaissance de ces relations?

CHAPITRE VII.

CONSTRUCTIONS DE DIVERSES COURBES AU MOYEN D'ARCS DE CERCLE.

1. En quoi consiste le raccordement d'un arc avec une droite, le raccordement de deux arcs ayant des rayons différents?
2. Indiquez les noms et la construction des principales moulures employées dans l'architecture.
3. Indiquez la construction de l'ove.
4. Indiquez la construction de l'ovale à deux centres, à trois centres, quand un axe seulement est donné.
5. Indiquez la construction de l'ovale avec les deux axes donnés.
6. Qu'appelle-t-on anse de panier? A quoi sert-elle?
7. Indiquez le moyen de décrire l'ellipse d'un mouvement continu.
8. Donnez la définition de l'ellipse.
9. Expliquez la dénomination donnée aux foyers.
10. Indiquez un moyen simple de construire l'ellipse par points.
11. L'ellipse a-t-elle beaucoup d'importance?
12. Comment l'ellipse se transforme-t-elle en une parabole?
13. Donnez la définition de la parabole.
14. Qu'est-ce que la spirale et comment peut-on la tracer?

CHAPITRE VIII.

DES POLYGONES.

1. Qu'est-ce qu'un polygone? — 2. Qu'appelle-t-on diagonale?
3. Indiquez les noms donnés à quelques polygones.
4. Qu'est-ce qu'un triangle rectangle ?
5. Qu'est-ce qu'un triangle équilatéral, un triangle isoscèle?
6. Indiquez quelques propriétés du triangle isoscèle et du triangle équilatéral.
7. Énoncez et démontrez le théorème relatif à la somme des angles d'un triangle.
8. Combien faut-il connaître de parties d'un triangle pour pouvoir le construire?
9. Indiquez la construction d'un triangle : 1° avec les trois côtés ; 2° avec deux côtés et l'angle compris entre eux ; 3° avec un côté et les deux angles adjacents.
10. Énoncez les trois cas d'égalité qui en découlent pour deux triangles.
11. Indiquez la construction d'un triangle rectangle : 1° avec l'hypoténuse et un côté de l'angle droit; 2° avec l'hypoténuse et un angle aigu.
12. Qu'est-ce qu'un parallélogramme? Qu'est-ce que sa base et sa hauteur?
13. Définissez le carré, le rectangle et le losange.
14. Énoncez les propriétés des diagonales du parallélogramme.
15. Indiquez comment on construit un parallélogramme.
16. Définissez le trapèze ; ses bases; sa hauteur.
17. Qu'est-ce que le trapèze symétrique?
18. Comment trouve-t-on la somme des angles d'un polygone?

CHAPITRE IX.

POLYGONES RÉGULIERS.

1. Qu'est-ce qu'un polygone régulier? Indiquez le moyen de le construire quand le côté n'est pas déterminé.
2. Qu'est-ce que le centre? Comment le trouve-t-on?
3. Qu'appelle-t-on apothème, angle au centre?
4. Comment calcule-t-on l'angle d'un polygone régulier?
5. Indiquez la valeur de cet angle pour les polygones les plus importants.
6. Qu'appelle-t-on cercle inscrit et cercle circonscrit?
7. Comment inscrit-on un polygone régulier dans un cercle?
8. Comment divise-t-on la circonférence en 4, 8, 16, 32... parties égales?
9. Comment la divise-t-on en 3, 6, 12, 24... parties égales?
10. Comment la divise-t-on en 5, 10, 20, 40... parties égales?
11. Comment opère-t-on pour la diviser en un autre nombre quelconque de parties égales?
12. Indiquez deux procédés à suivre pour circonscrire un polygone régulier à un cercle.
13. Indiquez la construction d'un polygone régulier dont le côté est donné, dans le cas du triangle, du carré, de l'hexagone.
14. Indiquez la construction pour un autre polygone régulier : 1° à l'aide de l'angle du polygone ; 2° au moyen d'une circonférence auxiliaire.
15. Citez des exemples relatifs à l'emploi des polygones réguliers.
16. Comment construit-on un polygone régulier étoilé?
17. Peut-on en construire d'un nombre quelconque de côtés?
18. Indiquez la construction de quelques rosaces et de la rose des vents.

CHAPITRE X.

DE LA MESURE DE LA CIRCONFÉRENCE.

1. Montrez une analogie entre le cercle et le polygone régulier.
2. Expliquez comment on a pu trouver le rapport qu'il y a entre la longueur d'une circonférence et celle de son diamètre.
3. Indiquez la valeur de ce rapport.
4. Comment peut-on calculer la longueur de la circonférence, quand on connaît son diamètre?
5. Indiquez et expliquez la formule correspondant à cette règle.
6. Comment calcule-t-on la longueur d'un arc dont on connaît le rayon et le nombre de degrés?

CHAPITRE XI.

MESURE DES SURFACES.

1. Qu'est-ce que mesurer une surface?
2. Indiquez les unités de surface et le rapport qu'elles ont entre elles.
3. Indiquez les unités pour les surfaces agraires et le rapport qu'elles ont entre elles.
4. Mesure du rectangle et du carré.
5. Règle à suivre pour énoncer le nombre obtenu dans le calcul de la surface.
6. Mesure du parallélogramme.
7. Mesure du triangle.
8. Mesure du losange.
9. Mesure du trapèze.
10. Mesure d'un polygone quelconque : 1° par la décomposition en triangles ; 2° par la décomposition en trapèzes.
11. Mesure de la surface d'une figure limitée par une ligne courbe.
12. Mesure du polygone régulier.
13. Mesure du cercle. Exprimez cette mesure par une formule.
14. Mesure de la surface d'un secteur.
15. Mesure de la surface d'une ellipse.
16. Énoncez et démontrez le théorème relatif au carré de l'hypoténuse.
17. Indiquez quelques applications utiles de ce théorème.
18. Indiquez comment on peut, en connaissant seulement le côté, calculer la surface du triangle équilatéral, de l'hexagone régulier, de l'octogone régulier.

CHAPITRE XII.

POLYGONES SEMBLABLES.

§ 1. — *Lignes proportionnelles.*

1. Expliquez par un exemple simple en quoi consiste la similitude de deux figures.
2. Énoncez la définition de deux polygones semblables.
3. Qu'appelle-t-on rapport de deux nombres, rapport de deux lignes?
4. Qu'appelle-t-on proportion, nombres proportionnels, lignes proportionnelles ?
5. Théorème relatif à la division de chaque côté d'un angle en parties égales par des droites parallèles.
6. Indiquez l'application de ce théorème à la division d'une droite en un nombre quelconque de parties égales.
7. Théorème relatif à la division de deux côtés d'un triangle par une droite parallèle au troisième côté.
8. Indiquez les conséquences de ce théorème.
9. Théorème relatif à la division des deux côtés d'un angle par des droites parallèles entre elles.

10. Qu'est-ce qu'une quatrième proportionnelle à trois droites données?
11. Citez un problème où il s'agisse de trouver cette droite.
12. Comment la construit-on?

§ 2. — *Triangles et polygones semblables.*

1. Théorème sur la similitude entre un triangle et le triangle partiel qu'on y forme, en le coupant par une droite parallèle à un de ses côtés.
2. Déduisez du théorème précédent les trois cas de similitude de deux triangles.
3. Indiquez les trois moyens de construire un triangle semblable à un autre triangle.
4. Montrez comment on peut avec le triangle semblable connaître la surface du terrain qu'il représente.
5. Montrez comment on peut de la même manière connaître la distance entre le point où l'on est placé et un autre point inaccessible.
6. Indiquez comment on peut construire un polygone semblable à un autre.
7. Qu'est-ce que lever le plan d'un terrain? A quoi sert principalement cette opération?
8. Qu'est-ce qu'on entend par échelle d'un plan?
9. A quoi est égal le rapport des surfaces de deux polygones semblables? Citez des exemples.
10. Démontrez-le pour deux triangles, puis pour deux polygones d'un nombre quelconque de côtés.

CHAPITRE XIII.

QUADRATURE DES SURFACES. — MOYENNE PROPORTIONNELLE.

1. Qu'est-ce qu'un nombre moyen proportionnel entre deux nombres; une moyenne proportionnelle entre deux droites?
2. Citez un problème qui donne lieu à la recherche d'une moyenne proportionnelle.
3. Faites connaître le théorème relatif à la perpendiculaire abaissée d'un point de la circonférence sur le diamètre.
4. Indiquez d'après ce théorème le moyen de construire une moyenne proportionnelle entre deux droites données.
5. Qu'entend-on par quadrature d'un polygone, et quelle est la marche à suivre pour la réaliser?
6. Indiquez comment on arrive à transformer un polygone en un triangle équivalent.
7. Indiquez comment on construit un polygone semblable à un polygone donné, de manière que leurs surfaces aient entre elles un rapport donné.

DEUXIÈME PARTIE

CHAPITRE I.

DROITES ET PLANS.

1. Sous quelle image peut-on se représenter un plan isolé?
2. De quelle nature est la ligne formée par l'intersection de deux plans? Citez des exemples.
3. Combien faut-il de points ou de droites pour déterminer la position d'un plan?
4. Qu'est-ce qu'une droite perpendiculaire à un plan?
5. Indiquez le moyen de mener une droite perpendiculaire à un plan.
6. Énoncez les principales propriétés de la perpendiculaire et des obliques menées d'un même point à un plan.
7. Comment mesure-t-on l'inclinaison d'une droite sur un plan?
8. Qu'appelle-t-on projection d'une droite sur un plan?
9. Qu'appelle-t-on plans parallèles?
10. Comment peut-on mener un plan parallèle à un autre plan?
11. Qu'appelle-t-on angle dièdre?
12. Qu'appelle-t-on plans perpendiculaires entre eux?
13. Qu'est-ce que l'angle rectiligne correspondant à un angle dièdre?
14. Comment mesure-t-on un angle dièdre avec la fausse équerre?
15. Qu'appelle-t-on angle trièdre?

CHAPITRE II.

POLYÈDRES.

§ 1. — *Du prisme et du cylindre.*

1. Qu'appelle-t-on polyèdre?
2. Indiquez les noms donnés à quelques-uns d'après le nombre de leurs faces.
3. Qu'est-ce qu'un prisme, un prisme droit, un prisme oblique?
4. Qu'appelle-t-on base, hauteur d'un prisme?
5. Qu'est-ce qu'un parallélipipède, un parallélipipède rectangle?
6. Qu'est-ce qu'un cube?
7. Construisez le développement de la surface du cube.
8. Qu'est-ce qu'un prisme régulier?
9. Quelle analogie y a-t-il entre le cylindre et le prisme régulier?
10. Donnez la définition du cylindre.
11. Comment mesure-t-on la surface latérale d'un prisme droit?
12. Comment mesure-t-on la surface latérale d'un cylindre?

§ 2. — *De la pyramide et du cône.*

1. Définissez la pyramide; sa base; sa hauteur.
2. Qu'est-ce qu'une pyramide régulière?

3. Comment mesure-t-on la surface latérale d'une pyramide régulière?
4. Quelle analogie y a-t-il entre la pyramide régulière et le cône?
5. Quelle définition peut-on donner du cône?
6. Comment mesure-t-on la surface latérale d'un cône?
7. Indiquez le moyen de construire un cône avec une arète et une circonférence données.
8. Qu'appelle-t-on tronc de pyramide?
9. Qu'est-ce qu'un tronc de cône?
10. Comment mesure-t-on la surface latérale d'un tronc de pyramide régulière?
11. Montrez ce que devient la surface d'un tronc de cône développée en surface plane.
12. Comment mesure-t-on la surface latérale du tronc de cône?

CHAPITRE III.

MESURE DES VOLUMES.

1. Qu'est-ce que mesurer un volume? Indiquez les unités de volume et le rapport qu'elles ont entre elles.
2. Mesure du parallélipipède rectangle et du cube.
3. Mesure du prisme droit.
4. Mesure du cylindre.
5. Mesure du prisme oblique.
6. Mesure de la pyramide.
7. Mesure du cône.
8. Mesure du tronc de pyramide.
9. Mesure du tronc de cône.
10. Volume d'un tas de sable à base carrée et terminé par un carré à sa partie supérieure.
11. Volume du tas de cailloux terminé par une arète à sa partie supérieure.
12. Volume du tas, quand il est terminé par un rectangle.
13. Indiquez le caractère de similitude de quelques volumes.
14. A quoi est égal le rapport de ces volumes?

CHAPITRE IV.

MESURE DU VOLUME DE CERTAINES FORMES NON GÉOMÉTRIQUES.

1. Expliquez comment on peut jauger un tonneau.
2. Expliquez comment s'opère le cubage des arbres.
3. Comment peut-on trouver la capacité d'un vase quelconque?
4. Comment peut-on trouver le volume d'un corps massif?
5. Qu'appelle-t-on densité d'un corps?
6. Comment peut-on déterminer le volume d'un corps, quand on connaît sa densité?
7. Comment peut-on trouver le poids en connaissant le volume et la densité?

CHAPITRE V.

DE LA SPHÈRE.

CHAPITRE SUPPLÉMENTAIRE.

PROBLÈMES A RÉSOUDRE

FIN DE LA TABLE DES MATIÈRES

GÉOMÉTRIE ÉLÉMENTAIRE

EXPOSÉE DANS SES APPLICATIONS

AU DESSIN LINÉAIRE

ET A LA MESURE DES SURFACES ET DES VOLUMES

PREMIÈRE PARTIE

CHAPITRE PREMIER

VOLUME. — SURFACES. — LIGNES. — CIRCONFÉRENCE.

1. Volume. — *On appelle* VOLUME *d'un objet, d'un corps quelconque, l'espace qu'il occupe en longueur, en largeur et en hauteur.*

Exemples : le volume d'un caillou, d'une pièce de bois, d'un mur, d'un sac plein de blé, d'un tas de pierres, etc.

La hauteur est aussi désignée par le nom d'ÉPAISSEUR ou de PROFONDEUR.

Exemples : l'épaisseur d'une planche, d'une poutre ; la profondeur d'un puits, d'une rivière.

Capacité. — *Le volume intérieur d'un corps creux, destiné à contenir des liquides, des grains, etc., porte le nom de* CAPACITÉ.

Exemples : la capacité d'une bouteille, d'un tonneau, d'un bassin.

2. Surface. — *On appelle* SURFACE *d'un corps l'étendue qu'il occupe en longueur et en largeur, sans qu'on fasse attention à l'épaisseur.*

Exemples : La surface d'une table, d'un plancher, d'un mur, d'une pièce d'étoffe, d'un jardin, d'un rouleau, d'une boule, etc.

Pour se faire une idée plus claire de la surface d'un corps rond, comme la boule, on peut regarder cette surface comme formée par un grand nombre de très petits carrés de papier qu'on aurait collés à sa surface pour la recouvrir entièrement. Si ces morceaux de papier étaient ensuite enlevés de la boule et placés les uns à côté des autres sur une table, l'espace qu'ils couvriraient tous ensemble représenterait la surface de la boule.

3. Ligne. — La LIGNE *est l'étendue considérée suivant une seule direction, c'est-à-dire en longueur seulement, ou en largeur, ou en hauteur.*

Exemples : La longueur d'une corde, d'une pièce de toile, d'une chambre, d'une poutre.

Le fil le plus fin possible, le trait délié fait à l'encre ou au crayon sur le papier représentent des lignes.

4. Point. — *On appelle* POINT *l'espace le plus petit qu'on puisse imaginer en longueur, en largeur et en épaisseur.*

Exemples : Le grain de poussière le plus ténu, la marque faite à l'encre par une plume fine sur le papier représentent des points.

5. Il y a deux espèces de lignes : la LIGNE DROITE et la LIGNE COURBE. On en distingue une troisième : la LIGNE BRISÉE.

Ligne droite. — *On appelle* LIGNE DROITE *la ligne la plus courte qu'on puisse concevoir entre deux points.*

Exemples. Un fil de soie très-fin, un cheveu, bien tendus, sont des images de la ligne droite.

Ligne courbe. — *On appelle* LIGNE COURBE *toute ligne qui n'est ni droite ni composée de lignes droites.*

Exemples : Le contour d'une roue, le bord d'un chapeau, les lignes qui forment les lettres *e*, *o*, *x*.

Ligne brisée. — *On appelle* LIGNE BRISÉE *une ligne composée de lignes droites, telles qu'aucune n'est le prolongement de la précédente.*

Exemple : Le mètre, composé de dix pièces en bois ou en cuivre, présente une ligne droite quand il est tendu, et une ligne brisée quand il est plus ou moins en zig-zag.

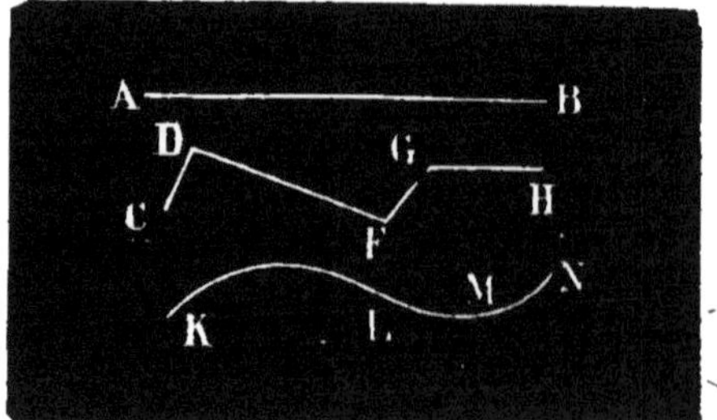

Fig. 1.

Dans les figures géométriques, les points et les lignes sont désignés par les lettres de l'alphabet; ordinairement on emploie les majuscules. On dira par exemple : la droite AB, la ligne brisée CDFGH, la ligne courbe KLMN, le point A, le point D (fig. 1).

6. On distingue deux espèces de surfaces : la SURFACE PLANE et la SURFACE COURBE.

Surface plane. — Lorsqu'en plaçant une règle bien droite sur une planche, et dans diverses directions, le menuisier n'aperçoit aucun intervalle entre la règle et la planche, il reconnaît que la surface de la planche est plane.

On appelle donc SURFACE PLANE *une surface telle que, si on y applique une ligne droite dans une direction quelconque, tous les points de cette ligne droite touchent la surface.*

Exemples : La surface d'une table, d'un mur, d'un toit d'ardoises sont des surfaces planes, si on néglige les inégalités qui s'y trouvent toujours plus ou moins.

Pour abréger, on dit souvent UN PLAN pour une surface plane.

Surface courbe. — *On appelle* SURFACE COURBE *toute surface qui n'est ni plane ni composée de surfaces planes.*

Exemples : La surface d'un rouleau, d'une boule, d'un abat-jour de lampe, d'une bouteille ordinaire sont des surfaces courbes.

7. **Géométrie.** — Suivant leur forme, les lignes, les surfaces et les volumes ont des propriétés différentes. *La* GÉOMÉTRIE *est la science qui étudie ces propriétés, afin d'apprendre à construire diverses figures et à mesurer les lignes, les surfaces et les volumes.*

Le mot *géométrie* est un nom tiré du grec; il signifie *mesure de la terre.*

NOTA. — Dans la première partie de cet ouvrage, nous n'étudierons que des figures planes, c'est-à-dire tracées sur un seul plan.

8. **Tracé de la ligne droite. — Règle.** — On trace une ligne droite sur une surface plane au moyen d'une règle plate ordinairement en bois, dont les bords sont des lignes droites.

On voit assez bien d'un coup d'œil si une règle est droite ou non; cependant il est bon de s'en assurer d'une manière plus précise. Voici un moyen facile.

Sur un papier fort et bien tendu en tous sens, on marque deux points M et N (fig. 2), sur lesquels on applique le bord de la règle, et le long de ce bord on tire une ligne fine avec un crayon bien aigu. On place ensuite la règle

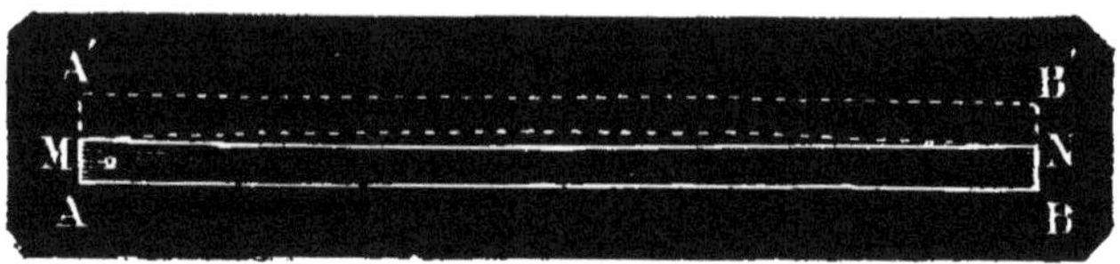

Fig. 2.

de l'autre côté de cette ligne, en appliquant le même bord sur les points M et N; l'autre bord AB occupe alors la position A'B'. On tire une ligne de M en N. Si la règle est droite, cette deuxième ligne se confond avec la première; dans le cas contraire, les deux lignes sont séparées, comme on le voit dans la figure.

Par un point, on peut mener une infinité de lignes droites.

Par deux points, on n'en peut mener qu'une.

Ainsi il faut deux points et pas davantage pour déterminer la position d'une ligne droite.

REMARQUES. — 1° Dans le tracé d'une ligne à l'encre ou au crayon sur le papier, il faut la faire fine et surtout lui donner le même degré de finesse partout. Pour cela, on doit avoir la précaution de conduire le crayon, la plume ou le tire-ligne d'une extrémité à l'autre, sans s'arrêter en chemin [1].

2° Dans les figures, les lignes qui ne servent que pour les explications sont souvent pointillées, afin qu'on distingue mieux celles qui sont l'objet de la question traitée.

9. Circonférence. — Compas. — Parmi les lignes courbes, il y en a une qu'il importe de connaître dès à présent : c'est la CIRCONFÉRENCE (fig. 3), qui forme le contour d'une roue, d'une pièce de monnaie, etc.

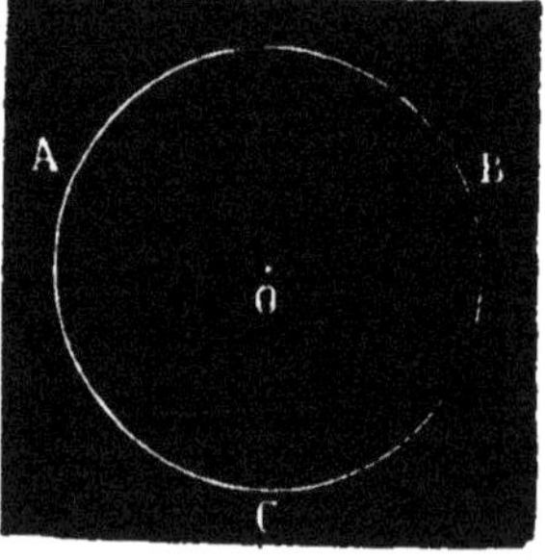

Fig. 3.

Pour la décrire, on met la pointe d'un compas sur un point O d'une surface plane, et on le fait tourner autour de ce point,

1. Voir à la fin, *Chapitre supplémentaire*, comment on trace une ligne droite sur le terrain.

en conservant constamment le même écartement entre les deux branches. La trace laissée sur la surface par le crayon qui termine l'autre branche est une circonférence. Il n'est pas besoin d'indiquer comment les élèves savent en tracer une sur le terrain avec une ficelle.

La CIRCONFÉRENCE *est donc une ligne courbe plane fermée, dont tous les points sont à la même distance d'un autre point qu'on nomme centre.*

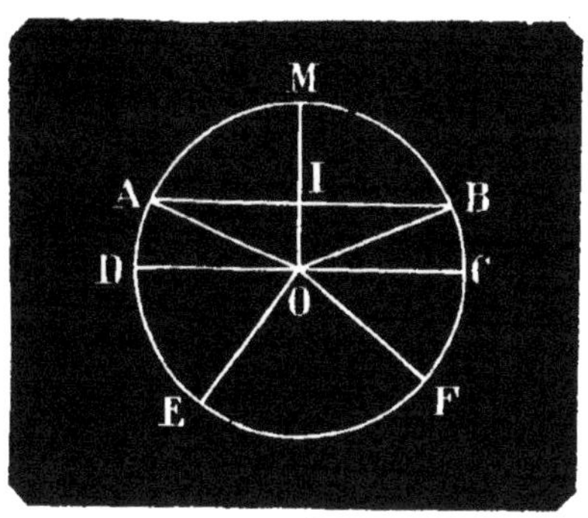

Fig. 4.

On appelle RAYON *toute droite menée du centre à la circonférence.* Telles sont les droites OA, OM, OB, OC (fig. 4).

On appelle DIAMÈTRE *la ligne droite qui passe par le centre et qui se termine à la circonférence :* par exemple DOC. Le diamètre est le double du rayon.

On appelle ARC *une portion quelconque de la circonférence; la droite qui joint les extrémités d'un arc est sa* CORDE : par exemple, l'arc AD, l'arc AMB, la corde AB. On dit que la corde *sous-tend* l'arc.

La droite MI qui joint le milieu de l'arc au milieu de la corde prend quelquefois le nom de FLÈCHE; son prolongement passerait au centre.

REMARQUE. — Dans le langage ordinaire, on confond habituellement la *circonférence* avec le *cercle.* En géométrie, on les distingue l'un de l'autre. *La circonférence est la ligne courbe; le cercle est la surface enfermée par la circonférence.*

10. Propriétés des cordes et des arcs. — Parmi ces propriétés, nous citerons les suivantes, qui sont si évidentes qu'elles n'ont pas besoin d'explication.

1° *Le diamètre est la plus grande corde du cercle ; il divise la circonférence en deux parties égales.*

2° *Si dans un même cercle ou dans deux cercles égaux deux arcs* AMB et ENF *sont égaux, leurs cordes* AB *et* EF *sont égales* (fig. 5).

Il résulte de là que pour avoir sur la deuxième circonférence un arc égal à un arc AMB de la première, il suffit de prendre avec le compas la longueur de la corde

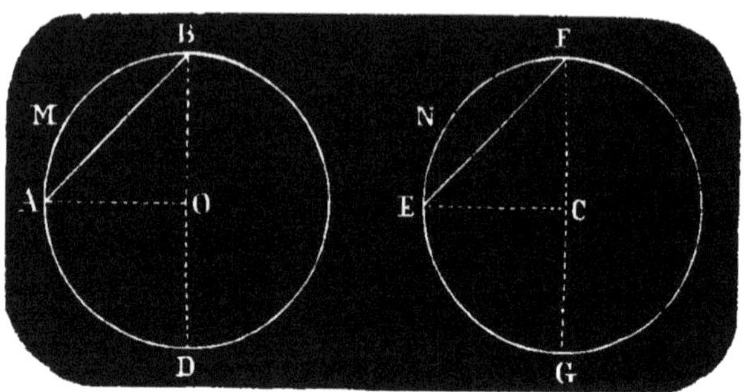

Fig. 5.

AB et de la porter sur l'autre circonférence en EF ; l'arc ENF ainsi déterminé est égal à l'arc AMB.

CHAPITRE II

DROITES QUI SE COUPENT. — ANGLES. — PERPENDICULAIRE.

11. Angle. — *On appelle* ANGLE *la figure formée par deux droites qui partent d'un même point* (fig. 6).

Le point commun A est le SOMMET de l'angle. Les deux droites AB et AC en sont les CÔTÉS ; il faut les regarder comme ayant une longueur indéfinie. La grandeur de l'angle dépend seulement de l'écartement des côtés et non de leur longueur.

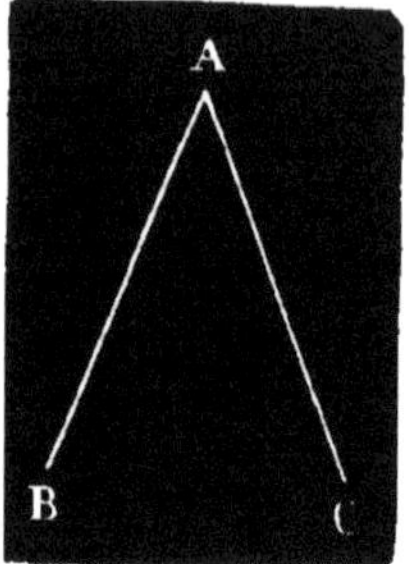

Fig. 6.

On désigne un angle au moyen de trois lettres placées, l'une au sommet et les deux autres sur les côtés ; on dit l'angle BAC ou CAB, en mettant toujours la lettre du sommet au milieu des deux autres. Si l'angle est seul, il suffit de la lettre du sommet : l'angle A au lieu de l'angle BAC.

On le désigne aussi quelquefois par une lettre minuscule placée dans l'intérieur : l'angle *b* ou l'angle AOB (fig. 7); l'angle *d* ou l'angle COD.

Quand deux angles ont le même sommet et un côté

commun, les angles AOB et AOC par exemple (fig. 7), ou les angles BCD et DCD′ (fig. 8), on indique cette position en disant qu'ils sont ADJACENTS [1].

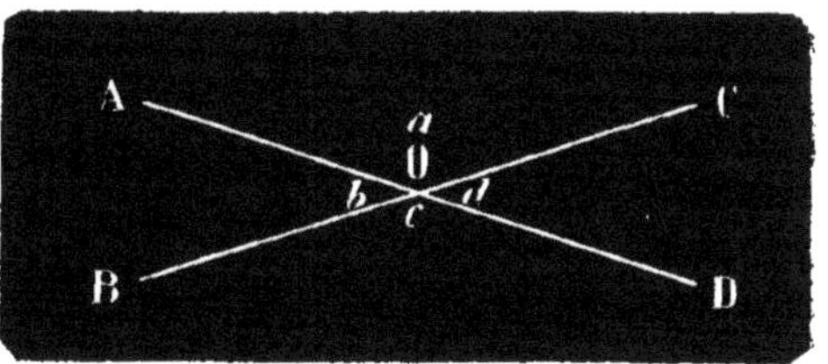

Fig. 7.

12. Angles égaux. — Deux angles *égaux* sont deux angles qui placés l'un sur l'autre se recouvrent exactement, ou, comme on dit ordinairement, *coïncident.*

A vue d'œil, les angles BCD, DCD′, D′CD″ (fig. 8) sont égaux [2]. Des angles peuvent être additionnés ensemble ou retranchés l'un de l'autre. Ainsi l'angle BCD″ est la somme des trois angles BCD, DCD′, D′CD″; l'angle BCD est la différence entre les angles BCD′ et DCD′. C'est ce qu'on exprime par les égalités suivantes :

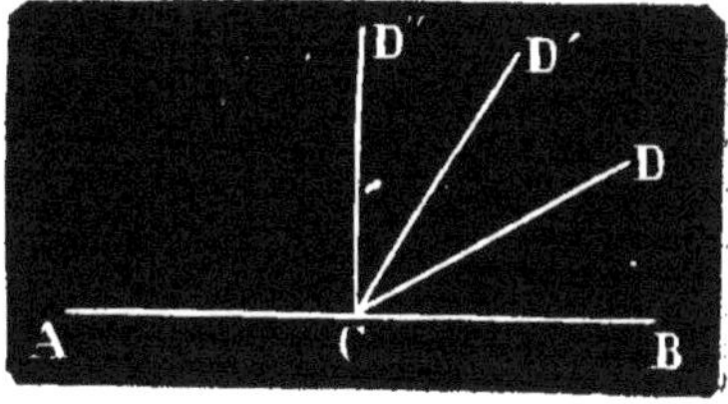

Fig. 8.

$$\begin{aligned} BCD'' &= BCD + DCD' + D'CD''; \\ BCD &= BCD' - DCD'. \end{aligned}$$

Si les trois angles BCD, DCD′, D′CD″ sont égaux, l'angle BCD′ est le double et l'angle BCD″ le triple de l'angle BCD, ce qu'on écrit ainsi :

$$\begin{aligned} BCD' &= 2BCD, \\ BCD'' &= 3BCD. \end{aligned}$$

De même l'angle BCD est le tiers et l'angle BCD′ les deux tiers de l'angle BCD″.

13. Angles opposés par le sommet. — *Quand deux droites se coupent, les deux angles opposés par le sommet sont égaux.*

1. *Adjacent*, mot tiré du latin et signifiant *couché l'un à côté de l'autre.*

2. L'accent mis sur une majuscule se prononce *prime;* deux accents, *seconde;* on dit donc D *prime* pour D′ et D *seconde* pour D″.

Par exemple, les angles *a* et *c* sont égaux (fig. 9), ainsi que les deux autres angles *b* et *d*.

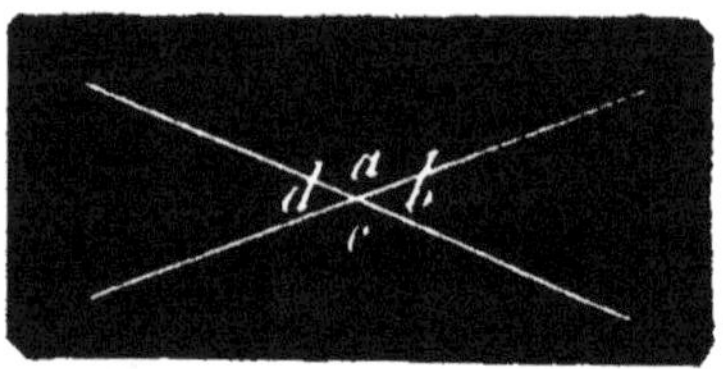

Fig. 9.

14. Droites perpendiculaires entre elles. Angle droit. — Si l'on imagine que la droite CD (fig. 10), d'abord couchée sur AB, tourne autour du point O et dans le sens de la flèche, l'autre droite restant fixe, l'angle AOC grandit pendant que l'angle adjacent BOC diminue, et la droite arrive à une position FG, où les deux angles sont devenus les angles égaux AOF et BOF. Alors la droite FG ne penche pas plus d'un côté que de l'autre sur AB; on exprime cette propriété en disant qu'elle est PERPENDICULAIRE à AB, et on nomme ANGLES DROITS les deux angles égaux AOF et BOF.

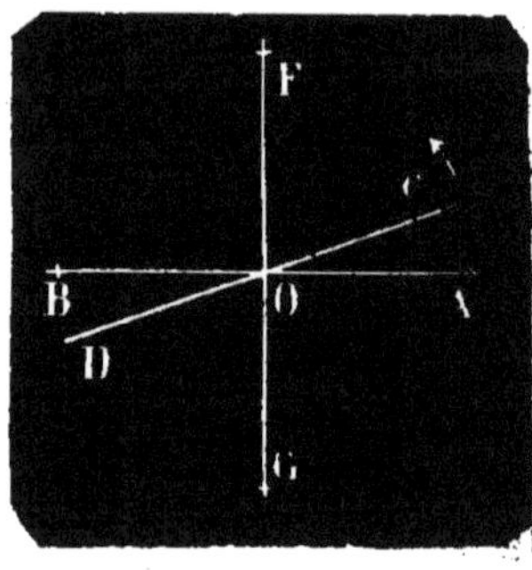

Fig. 10.

Ainsi *une droite est* PERPENDICULAIRE *sur une autre, lorsqu'elle forme avec celle-ci deux angles adjacents égaux.*

Un ANGLE DROIT *est un angle dont les deux côtés sont perpendiculaires l'un à l'autre.*

REMARQUE. — Quand deux droites sont perpendiculaires entre elles, on dit aussi qu'elles sont *rectangulaires.*

15. Unité d'angle. — Quand deux droites se coupent perpendiculairement, les quatre angles qu'elles forment sont égaux entre eux et sont des angles droits (fig. 11); l'angle droit couvre donc le quart de l'espace plan qui s'étend tout autour d'un point.

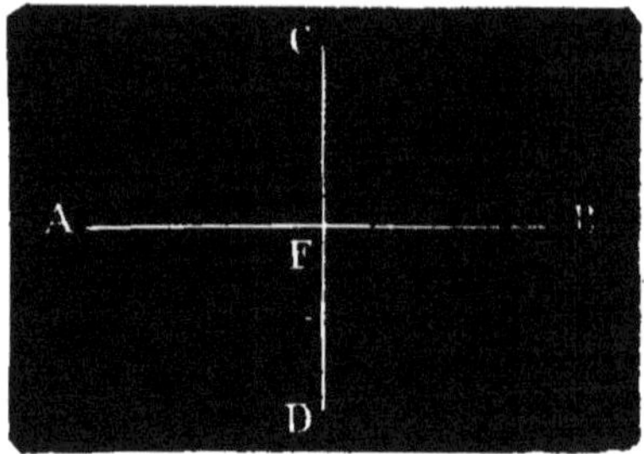

Fig. 11.

Par conséquent, *tous les angles droits sont égaux.* C'est pour cette raison que l'angle droit est pris pour unité dans la mesure des angles.

L'angle plus petit que l'angle droit s'appelle angle AIGU ; l'angle plus grand que l'angle droit s'appelle angle OBTUS.

Ainsi l'angle BCE (fig. 12) est aigu; l'angle ACE est obtus.

16. Angles supplémentaires. — *Quand deux angles adjacents sont formés par une droite qui en rencontre une autre, leur somme est égale à deux angles droits.*

Soit la droite ACB. Imaginons par le point C (fig. 12) la droite CD perpendiculaire à AB, on voit que les deux angles ACE et ECB couvrent le même espace que les deux angles droits ACD et DCB.

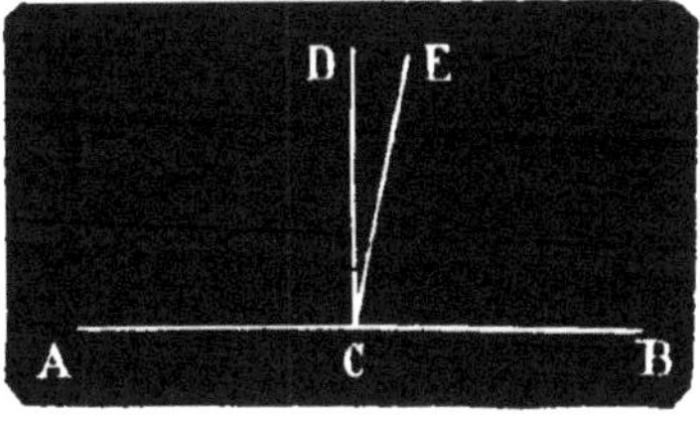

Fig. 12.

Deux angles dont la somme vaut 2 angles droits sont appelés angles SUPPLÉMENTAIRES.

On appelle angles COMPLÉMENTAIRES deux angles dont la somme vaut un angle droit ; tels sont les angles BCE et DCE.

REMARQUE. — La somme de tous les angles formés tout autour d'un point (fig. 13) vaut quatre angles droits.

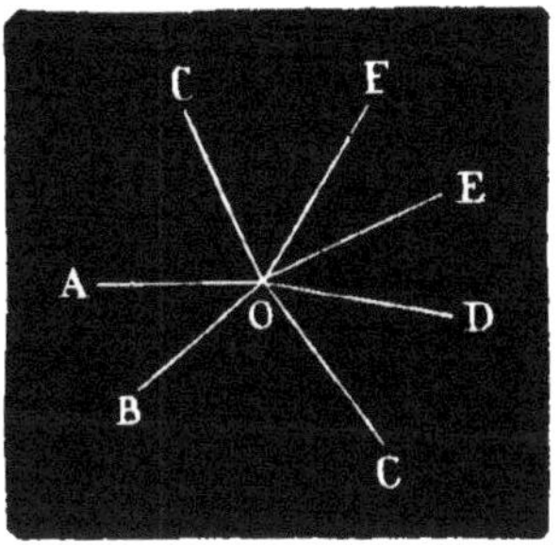

Fig. 13.

17. Droite oblique. — *Par un même point, on ne peut mener qu'une seule droite perpendiculaire à une autre droite.*

Ainsi, dans la figure 12, la droite CD étant perpendiculaire à AB, la droite CE ne peut être perpendiculaire à AB. Il en serait de même, si les deux droites partaient d'un point situé hors de la droite AB, comme les droites EC et ED dans la figure 14.

Une droite qui en rencontre une autre sans lui être perpendiculaire est dite OBLIQUE à cette autre droite. Par exemple, EC étant perpendiculaire à AB (fig. 14), les droites ED et EF sont obliques.

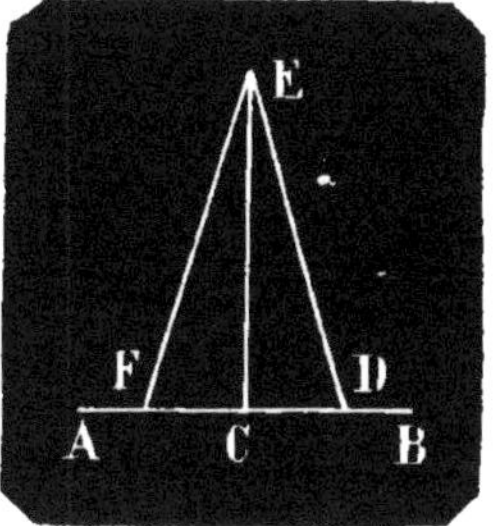

Fig. 14.

L'inclinaison de l'oblique sur la droite qu'elle rencontre est mesurée par l'angle aigu qu'elle fait avec elle.

18. Équerre. — Il est facile d'avoir deux droites qui soient exactement perpendiculaires l'une à l'autre. Pour cela, on plie une feuille de papier en deux, en rabattant la partie de dessous AMB (fig. 15) sur la partie de dessus ADB ; le pli ACB est une ligne droite. On plie la feuille une seconde fois, en appliquant les deux parties CB et CA du premier pli l'une sur l'autre, ce qui détermine un second pli rectiligne CD. Si on déplie alors complètement la feuille, la droite CD est perpendiculaire sur la droite AB; car les angles ACD et DCB sont égaux.

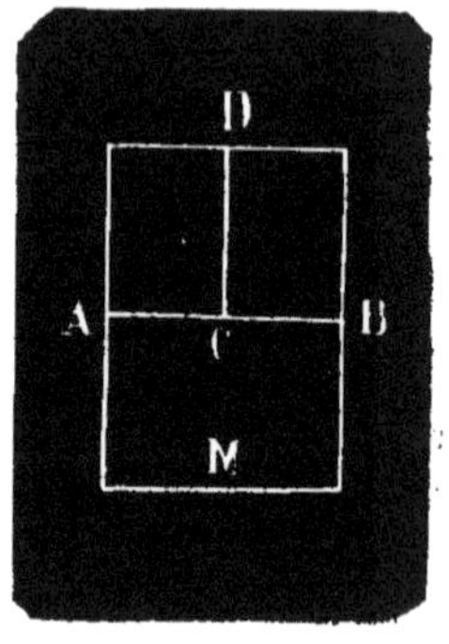

Fig. 15.

Qu'on découpe alors le papier le long des deux droites rectangulaires AC et CD et le long d'une autre droite joignant un point quelconque de AC avec un point de CD, on aura ce qu'on appelle une ÉQUERRE (fig. 16). On la forme ordinairement d'une planchette en bois, munie d'un trou, où l'on applique le doigt, pour la faire glisser plus facilement sur le papier.

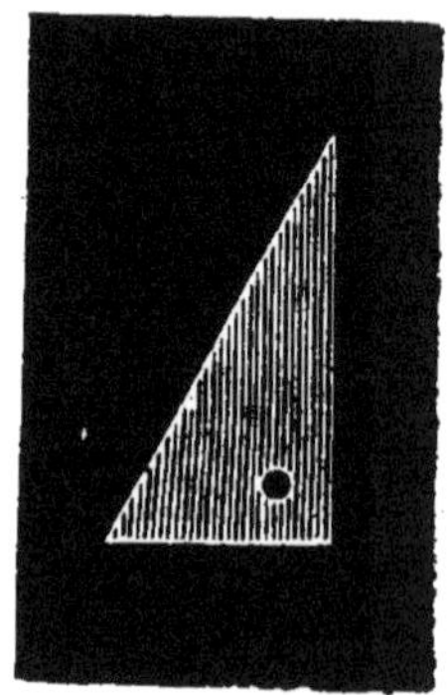

Fig. 16.

On emploie aussi des équerres formées de deux règles plates en forme de T.

19. Tracé des perpendiculaires au moyen de l'équerre. — Pour mener une perpendiculaire à une droite AB (fig. 17) par un point donné D, on place un des côtés rectangulaires de l'équerre sur la droite AB, et on la fait glisser le long de cette droite jusqu'à ce que l'autre côté vienne se placer sur le point D; la droite DC menée le long de ce côté est perpendiculaire sur AB.

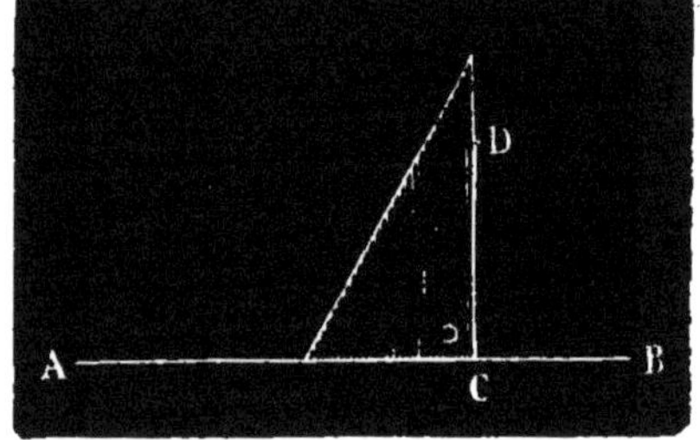

Fig. 17.

On opère de même, si le point donné est un point C pris sur la droite AB.

20. Verticale. — On ne doit pas confondre la PERPENDICULAIRE avec la VERTICALE, comme on le fait si souvent.

La VERTICALE *est la droite qui a la direction du fil à plomb immobile.*

Elle est perpendiculaire à la surface de l'eau tranquille, c'est-à-dire qu'elle ne penche pas plus d'un côté que de l'autre par rapport à cette surface. La surface d'un mur est verticale ; car en le construisant les maçons l'alignent sur le fil à plomb.

Horizontale. — *La surface de l'eau tranquille est appelée surface* HORIZONTALE *ou surface de niveau.* On la regarde comme plane, quoique en réalité elle participe à la courbure de la surface de la mer, qui est ronde comme celle d'une immense boule. Sur une étendue qui n'est pas trop considérable, cette courbure est insensible.

Toute surface plane est dite horizontale, quand le fil à plomb lui est perpendiculaire. Ainsi les parquets, les tablettes de cheminée sont des surfaces horizontales.

21. Niveau. — Pour établir une surface plane ou une ligne droite dans une position horizontale, on se sert d'appareils de formes diverses nommés NIVEAUX. Nous allons indiquer les principaux.

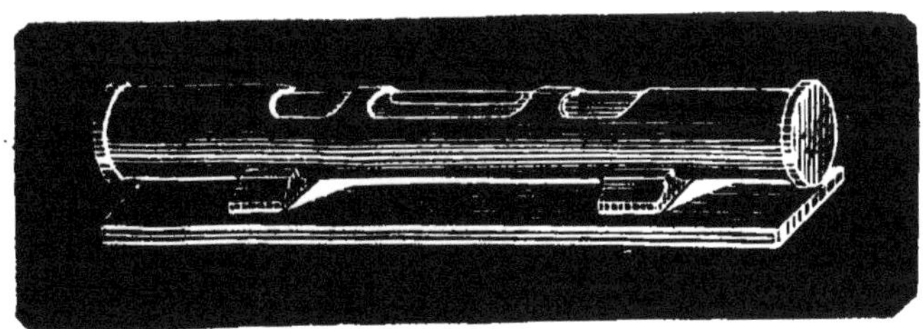

Fig. 18.

Niveau à bulle d'air. — Il se compose d'un étui de cuivre (fig. 18) fixé sur une règle bien plane, échancré en partie sur sa surface supérieure et renfermant un tube de verre légèrement bombé vers le haut en son milieu, dans la partie découverte. Il est plein d'eau ; mais en le fermant, on a eu soin d'y laisser une bulle d'air.

En vertu de sa légèreté, cette bulle tend à s'élever le plus haut possible. Quand la règle qui porte le tube est horizontale, la bulle reste au milieu de l'espace découvert.

Niveau à fil à plomb. — Pour établir une poutre, par exemple, dans une position horizontale, le charpentier se sert d'un autre niveau (fig. 19). Il se compose de deux règles de bois égales AM et AN, assemblées par une extrémité A, ordinairement à angle droit, et reliées par une autre règle BC, dont les extrémités sont à égale distance du point A. Au milieu de cette règle est un trait P par lequel doit passer un fil à plomb suspendu en A, quand les extrémités M et N reposent sur une ligne horizontale.

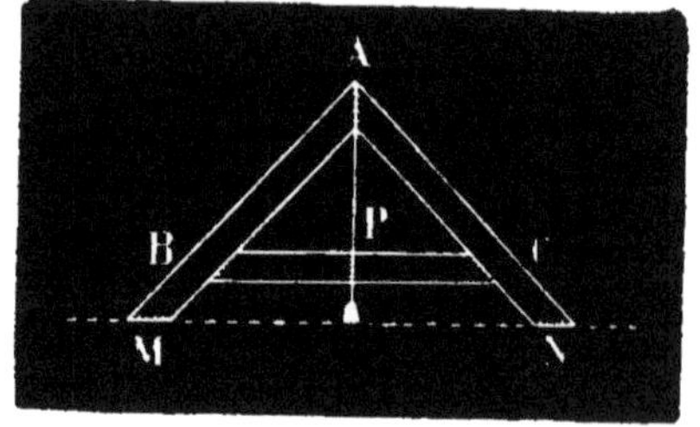

Fig. 19.

En tenant ce petit appareil verticalement sur la poutre, où il s'appuie par ses extrémités M et N, on voit si elle est horizontale ou non.

Niveau d'eau. — Le niveau d'eau (fig. 20) se compose d'un tube de fer-blanc, d'un mètre ou un mètre et demi de longueur, recourbé à angle droit à ses deux extrémités, qui sont continuées par deux tubes de verre, pour qu'on puisse à travers voir l'eau qui remplit l'instrument, quand il est posé en son milieu sur un trépied.

Fig. 20.

Lorsque l'eau est immobile, la droite qui rase sa surface dans les deux tubes est horizontale.

CHAPITRE III

PERPENDICULAIRES ET OBLIQUES.

22. Perpendiculaire et obliques menées du

même point à une droite. — Si d'un même point A (fig. 21) on abaisse sur une droite MN une perpendiculaire AH et des obliques AB, AC, AD, on reconnaît sans aucune explication les propriétés suivantes.

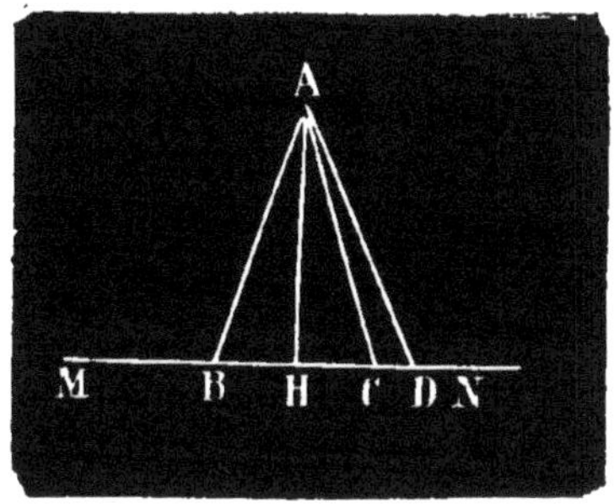

Fig. 21.

1° *La perpendiculaire est plus courte que toute oblique.*

2° *Deux obliques, telles que* AB *et* AC, *qui ont leurs pieds à égale distance du pied de la perpendiculaire, sont égales et également inclinées sur la droite* MN.

3° *Plus une oblique s'éloigne du pied de la perpendiculaire, plus elle est longue.*

Distance d'un point à une droite. — La distance d'un point à une droite est marquée par la perpendiculaire abaissée de ce point sur la droite.

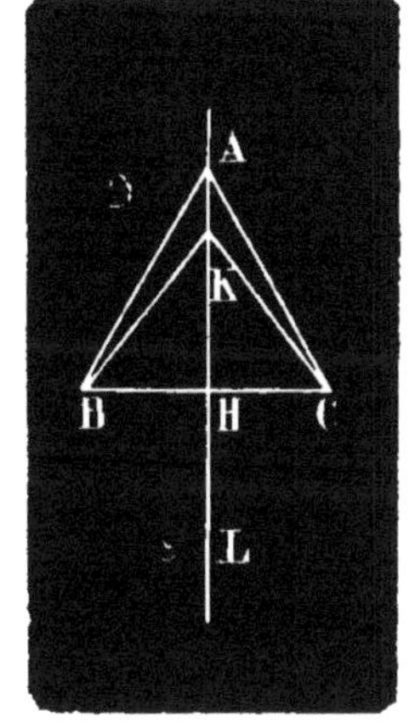

Fig. 22.

23. Perpendiculaire élevée au milieu d'une droite. — *Quand une droite est perpendiculaire au milieu d'une autre droite, chaque point de la première est également distant des deux extrémités de la seconde.*

Par exemple, la droite AL (fig. 22) étant perpendiculaire au milieu de BC, les distances AB et AC sont égales, de même que les distances KB et KC.

Nous allons utiliser cette propriété pour mener une perpendiculaire à une droite à l'aide du compas, ce qui est plus exact qu'avec l'équerre.

24. Tracé de la perpendiculaire avec le compas et la règle. — 1° *Mener une perpendiculaire au milieu d'une droite* BC (fig. 23).

Des extrémités B et C de la droite donnée prises pour

centres, on décrit successivement, avec un même rayon plus grand à vue d'œil que la moitié de BC, et des deux côtés de cette droite, deux arcs qui se coupent en H et en K. On tire une droite par ces deux points; cette droite HK est perpendiculaire à BC et passe en son milieu.

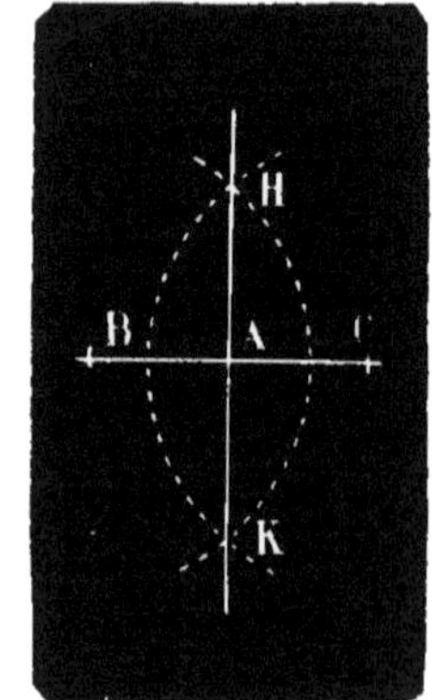

Fig. 23.

2° *Élever une perpendiculaire à une droite* MN (fig. 24), *par un point* A *pris sur cette droite.*

On décrit de A comme centre un arc BKC, qui coupe la droite en deux points; on a ainsi deux points B et C qui sont également distants de A. On cherche ensuite un point H également distant des points B et C, comme dans le cas précédent. En tirant une droite par les points H et A on a la perpendiculaire demandée.

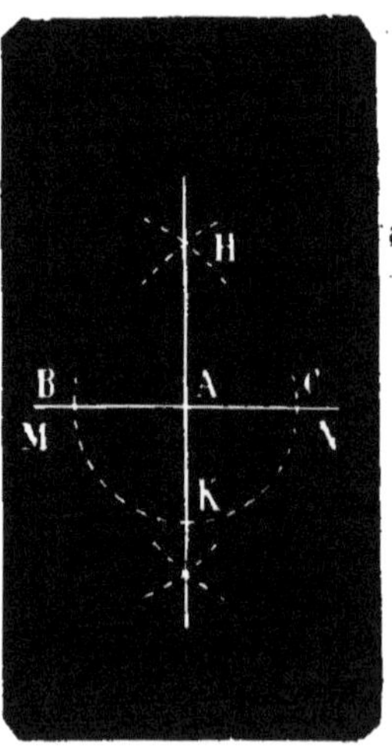

Fig. 24.

Remarque. — Si le point donné était à l'extrémité de la droite, on n'aurait qu'à prolonger cette droite et à opérer ensuite comme on vient de l'expliquer.

3° *Abaisser une perpendiculaire sur une droite* MN (fig. 25), *d'un point* H *pris hors de cette droite.*

Du point donné H pris pour centre, on décrit, avec un rayon assez grand, un arc qui coupe la droite MN: on a ainsi deux points B et C également distants du point H. Il ne reste plus qu'à chercher un autre point K également distant des points B et C et à tirer une droite par les points H et K [1].

25. Division d'une droite en parties égales. — 1° La construction indiquée au paragraphe 1 du numéro précédent, pour mener une perpendiculaire par le milieu d'une droite donnée, fait trouver le milieu de cette droite,

1. Pour tracer une perpendiculaire sur le terrain, voir à la fin, au *Chapitre supplémentaire.*

et sert par conséquent à diviser une droite en 2 parties égales. En divisant ensuite chacune des deux parties en 2 parties égales de la même manière, on aura divisé la droite donnée en 4 parties égales, et en continuant ainsi, on pourra la diviser en 8, en 16, en 32 parties égales, etc.

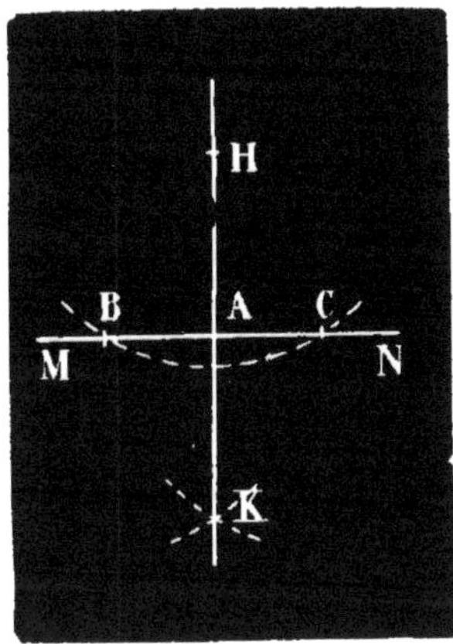

Fig. 25.

2° Si l'on avait besoin de diviser la droite en un autre nombre de parties égales, par exemple en 3, on opèrerait par tâtonnement, comme on va l'expliquer.

On prend une ouverture de compas, qu'on juge à vue d'œil être à peu près le tiers de la droite, et on la porte sur cette droite à partir d'une extrémité trois fois de suite. Si on arrive exactement à l'autre extrémité, la distance qu'il y a entre les deux pointes est le tiers de la droite ; mais on ne l'obtient pas ainsi du premier coup en général. Si les trois longueurs portées sur la droite n'arrivent pas à l'autre extrémité et laissent un reste, on augmente la distance des pointes du compas du tiers de ce reste de la droite pris à vue d'œil, et on recommence la même opération. On la répète de nouveau, si la seconde n'a pas suffi, et on finit par obtenir ainsi avec exactitude le tiers de la droite à diviser.

On peut aussi prendre avec le compas la longueur de la droite et la porter sur le double-décimètre en buis, ce qui fait connaître la longueur en millimètres ; prenant ensuite le tiers de ce nombre, on a la longueur qu'il faut porter avec le compas sur la droite.

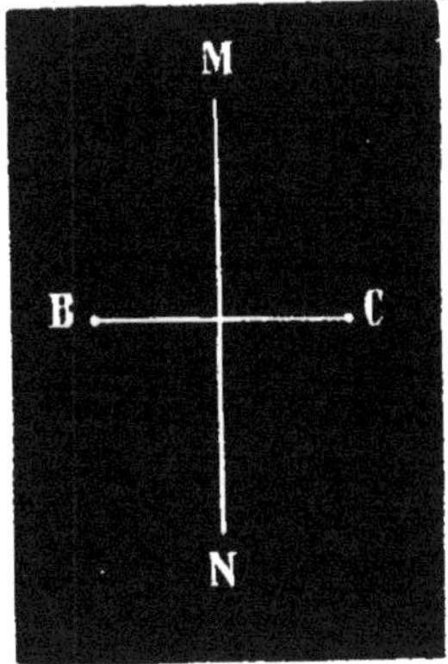

Fig. 26.

26. De la symétrie. — Quand une droite MN (fig. 26) est perpendiculaire au milieu d'une droite BC, les deux extrémités B et C de cette deuxième droite occupent exactement la même position des deux côtés de la droite MN ; pour cette raison, l'on dit qu'ils sont *symétriques* par rapport à cette droite.

Deux points sont donc symétriques par rapport à une droite, lorsqu'ils sont situés des deux côtés de cette droite, à la même distance et sur la même perpendiculaire à cette droite.

On peut dire aussi : *deux points sont symétriques par rapport à une droite, lorsque cette droite se trouve perpendiculaire sur la droite qui unirait les deux points.*

Pour trouver le point symétrique d'un autre point par rapport à une droite, il suffit d'abaisser du point donné une perpendiculaire à la droite et de la prolonger au delà d'une quantité égale à elle-même. L'extrémité du prolongement est le point cherché.

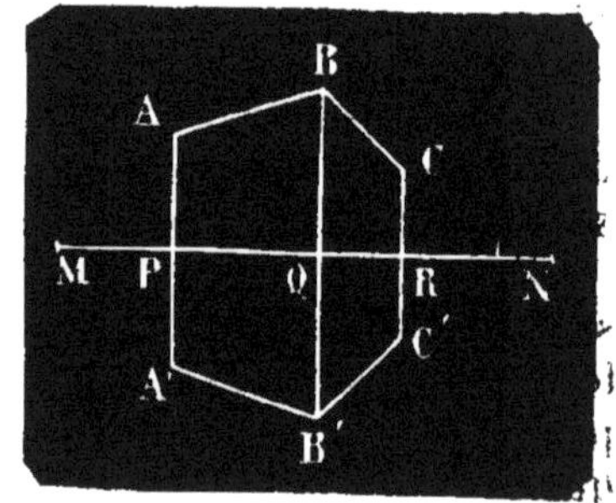

Fig. 26 *bis.*

27. Figure symétrique. — Soit la ligne brisée ABC (fig. 26 *bis*) et la droite indéfinie MN. Cherchons les points A', B', C' symétriques des points A, B, C et tirons les droites A'B' et B'C'. Si on imagine qu'on replie la figure le long de la droite MN, en rabattant la partie inférieure sur la partie supérieure, on voit facilement que PA' se confond avec PA, QB' avec QB et RC' avec RC. Ainsi, quand une figure est symétrique par rapport à une droite qui la traverse, les deux parties de cette figure coïncident, si on la plie le long de la droite. Cette droite est appelée AXE DE SYMÉTRIE.

Le sentiment de la symétrie est inné en nous. C'est par ce sentiment que nous plaçons deux objets pareils, deux candélabres, par exemple, sur une cheminée à égale distance du milieu ; que les sculptures qui ornent une porte ou une façade sont reproduites à gauche comme à droite. Les formes symétriques naturelles se montrent partout. Les yeux, les oreilles, les bras ont des positions symétriques, par rapport à une ligne qui partagerait le corps en deux, du haut en bas.

CHAPITRE IV

DES PARALLÈLES.

28. Droites perpendiculaires à une même droite. — *Quand deux droites sont perpendiculaires à une* *troisième, elles ne peuvent jamais se rencontrer, quelque longues qu'elles soient.*

Ainsi les droites AB et CD (fig. 27) étant toutes deux perpendiculaires à la droite MN ne se rencontreront en aucun point; car il ne peut pas y avoir par le même point deux droites perpendiculaires à une même droite. Pour cette raison, elles sont dites PARALLÈLES[1].

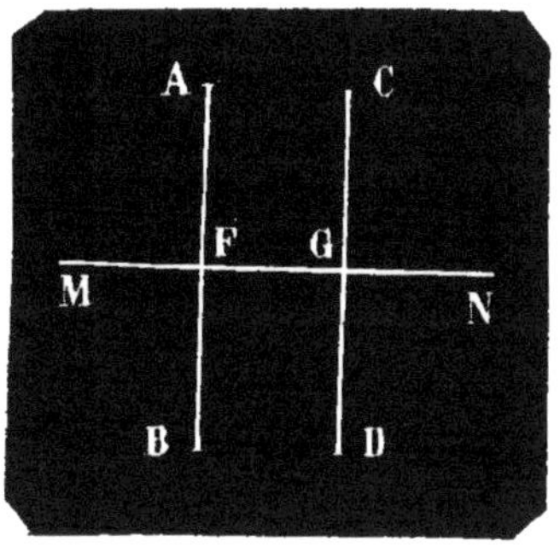

Fig. 27.

Parallèles. — *On appelle donc* PARALLÈLES *des droites qui, situées sur le même plan, ne se rencontrent pas, à quelque distance qu'on les prolonge.*

REMARQUE. — Il ne suffit pas que deux droites ne puissent pas se rencontrer pour être nommées droites parallèles. Par exemple, un fil à plomb, suspendu au milieu du plafond de la classe, ne rencontre pas le bord d'une table qui est placée près du mur; ce fil et le bord de la table ne sont pas des droites parallèles. Deux parallèles sont toujours situées sur un même plan.

Exemples de parallèles. — On trouve partout autour de soi des exemples de droites parallèles, aussi bien que de droites perpendiculaires.

Dans une vitre, une porte, une table de forme ordinaire, deux côtés consécutifs se coupent à angle droit et les côtés opposés sont parallèles.

Les montants d'une porte, les deux lignes de rails sur un chemin de fer ont des directions parallèles.

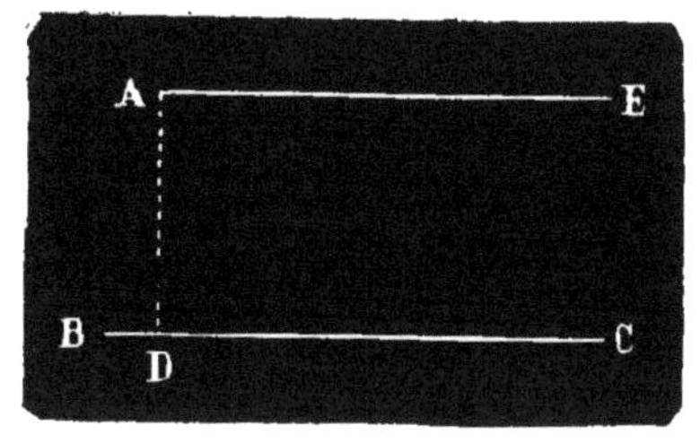

Fig. 28.

29. Premier tracé de la parallèle. — *Mener par un point* A *une droite parallèle à une droite* BC (fig. 28).

1. *Parallèle* est un adjectif grec signifiant *placé l'un en face de l'autre.*

On abaisse du point A une perpendiculaire AD sur BC; puis par le point A on mène AE perpendiculaire à AD. Les deux droites AE et BC, étant toutes deux perpendiculaires à la même droite AD, sont parallèles.

Remarques. — 1° Cette construction s'effectue très commodément avec l'équerre et la règle, surtout quand il s'agit de mener plusieurs parallèles à la même droite BC, par divers points A, A', A'' (fig. 29).

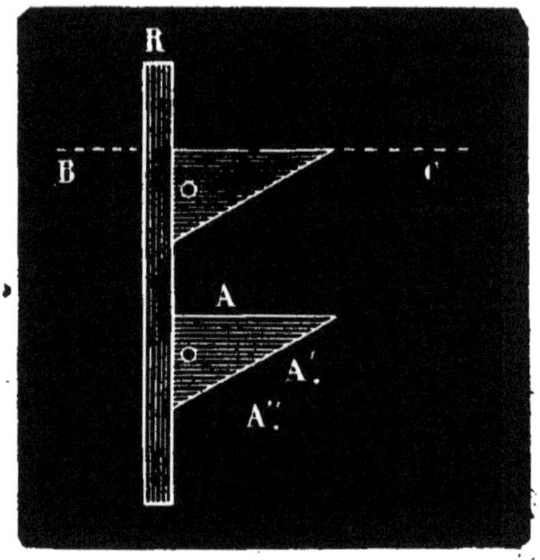

Fig. 29.

On place le plus grand côté de l'angle droit de l'équerre sur la droite BC, et ensuite contre le plus petit une règle R, qu'on maintient dans cette position avec les doigts de la main gauche. On fait alors glisser l'équerre le long de la règle, pour amener successivement sur les points A, A', A'' le côté de l'équerre qui était sur BC, et on trace une droite le long de ce côté, dans chaque position de l'équerre.

2° Par le point A, on ne peut mener qu'une parallèle à BC.

30. Distance entre deux parallèles. — *Quand deux droites sont parallèles, toute droite perpendiculaire à l'une est aussi perpendiculaire à l'autre.*

La distance entre deux parallèles est marquée par la perpendiculaire menée d'un point de l'une sur l'autre; cette distance est partout la même.

Ainsi, les droites AB et DC (fig. 30) étant parallèles, les cinq perpendiculaires qui sont menées entre elles sont égales.

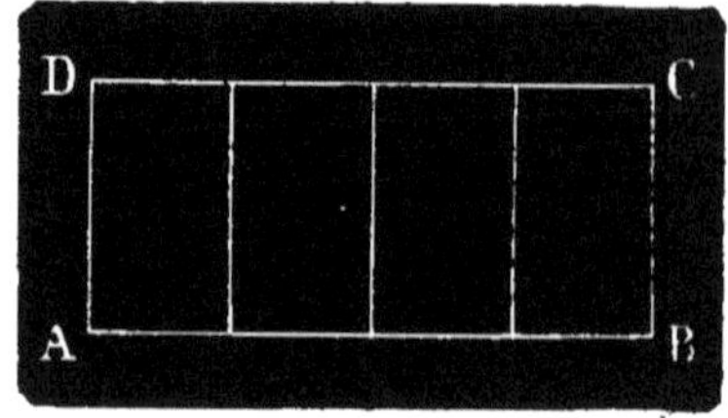

Fig. 30.

Cette propriété fournit le moyen suivant pour tracer une parallèle.

31. Deuxième tracé de la parallèle. — *Mener par un point* C *une droite parallèle à* AB (fig. 31).

Fig. 31.

Du point C, on abaisse CD perpendiculaire à AB; en un autre point quelconque F de AB, on lui élève une perpendiculaire, sur laquelle on prend une longueur FG égale à DC, et par les points C et G on tire une droite CE : c'est la parallèle demandée.

32. Troisième tracé de la parallèle. — La construction précédente peut être effectuée plus facilement, si l'on remarque que les distances parallèles DF et CG sont égales, ainsi que les parallèles CD et GF.

Après avoir abaissé CD perpendiculaire sur AB (fig. 32), on décrit du point D comme centre, avec un rayon quelconque, un arc qui coupe AB en un point F; puis de C comme centre et avec le même rayon un autre arc *xy;* prenant ensuite F pour centre et un rayon égal à DC, on décrit un arc qui coupe l'arc *xy* en G. Il ne reste plus qu'à tirer une droite par les points C et G; cette droite CE est parallèle à AB.

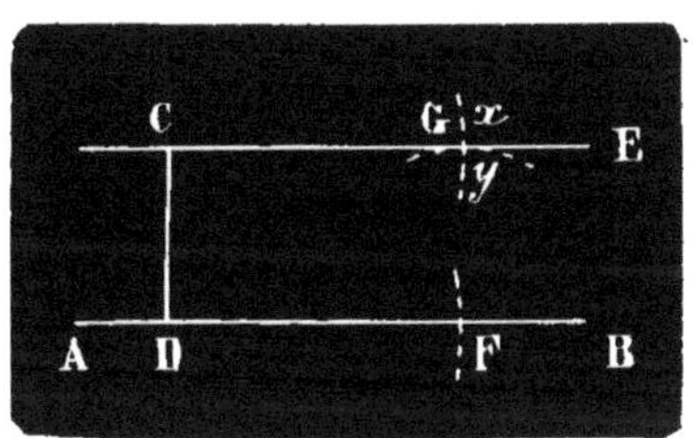

Fig. 32.

33. Intersection de deux parallèles par une autre droite. — *Quand deux droites parallèles sont coupées par une troisième droite, elles ont la même inclinaison sur la troisième.*

Les deux droites AB et CD (fig. 33) étant parallèles, on comprend que l'une doit avoir la même position que l'autre sur la troisième FG qui les coupe. En d'autres termes, l'inclinaison de AB marquée par l'angle AIG et l'inclinaison de CD marquée par l'angle COG sont égales.

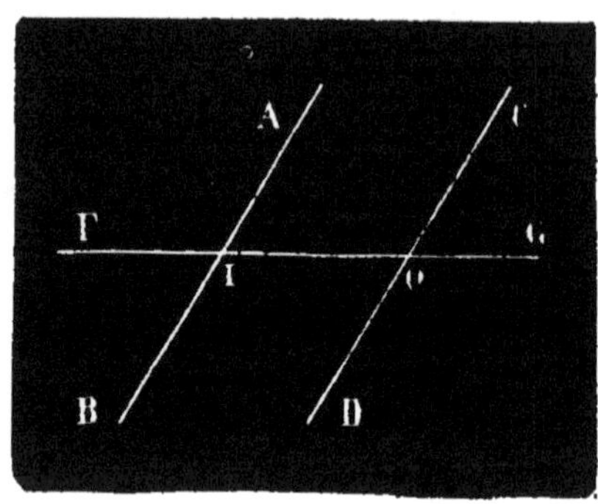

Fig. 33.

REMARQUES. — 1° Une droite qui coupe d'autres lignes, droites ou courbes, est ordinairement appelée *sécante* [1].

2° Parmi les huit angles que forment deux parallèles et la sécante, les quatre angles aigus sont égaux, ainsi que les quatre obtus. De plus, chaque angle aigu est supplémentaire de l'un des angles obtus.

3° Quelques-uns de ces angles ont reçu certaines dénominations tirées de leurs positions respectives.

Les angles COG et AIG sont appelés angles CORRESPONDANTS : il en est de même des angles FIA et FOC, des angles FIB et FOD, des angles BIG et DOG.

Les angles AIO et IOD, qui forment un Z, sont appelés angles ALTERNES-INTERNES. Il en est de même des deux angles BIO et IOC.

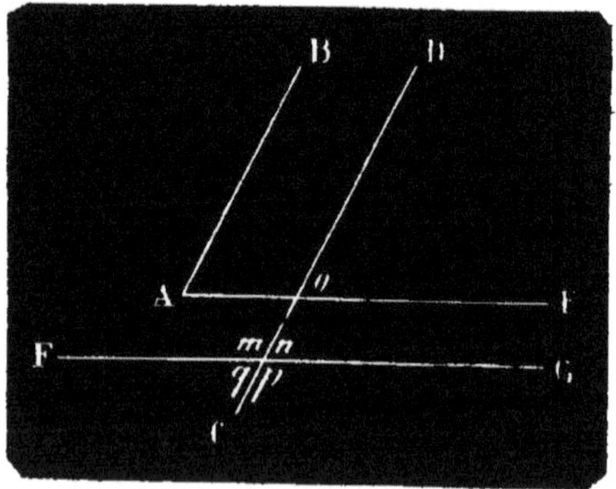

Fig. 34.

34. Angles ayant leurs côtés parallèles. — Soit DC parallèle au côté AB de l'angle A (fig. 34) et FG parallèle au côté AE. Les quatre angles m, n, p, q ont leurs côtés parallèles à ceux de l'angle A. Les angles n et q sont égaux à l'angle A ; les deux autres m et p, étant supplémentaires des angles n et q, sont aussi supplémentaires de A.

De là ce principe : *quand deux angles ont leurs côtés parallèles et dirigés tous dans le même sens ou tous en sens in-*

1. *Sécante* est un mot latin signifiant littéralement *coupant*. A la même origine se rattachent les noms *section*, *secteur*, *segment*, *bissectrice*, qu'on rencontrera plus loin.

verse, ils sont égaux; si deux côtés sont dirigés dans le même sens et les deux autres en sens inverse, les deux angles sont supplémentaires.

CHAPITRE V

MESURE ET CONSTRUCTION DES ANGLES.

35. De la mesure des angles. — Pour mesurer un angle BAC (fig. 35), on pourrait se servir d'un angle MON, formé d'une planchette de bois ou de cuivre, qui serait par exemple la dixième partie de l'angle droit.

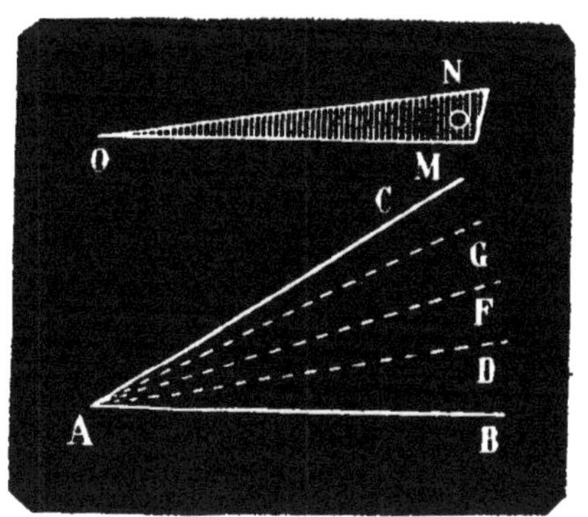

Fig. 35.

Plaçant le sommet O sur le sommet A et le côté OM sur le côté AB, on tire le long de ON la droite AD; puis, faisant pivoter l'angle MON autour du sommet A, on amène le côté OM de AB sur AD, et on tire le long de ON la droite AF. En continuant ainsi, on trouverait que l'angle BAC vaut 3 dixièmes d'angle droit, plus un reste GAC moindre que 1 dixième d'angle droit.

Mais ce moyen étant trop incommode, on obtient la mesure d'un angle à l'aide d'un arc de circonférence, comme nous allons le montrer.

36. Relation entre deux angles au centre et les arcs interceptés entre leurs côtés. — 1° *Si deux angles ayant leur sommet au centre de deux circonférences égales interceptent entre leurs côtés des arcs égaux, ces angles sont égaux.*

Tels sont les angles ACB et DOE (fig. 36), dans les cercles C et O, qui ont des rayons égaux CA et OD.

2° *Le rapport de deux angles, qui ont leur sommet au centre de deux cercles égaux, est égal au rapport des arcs interceptés entre leurs côtés.*

Soit les deux angles inégaux ACB et DOE (fig. 37). Cherchons d'abord le rapport des deux arcs, en cherchant combien de fois une petite ouverture de compas, DF par exemple, est contenue dans chacun. Supposons 4 fois dans

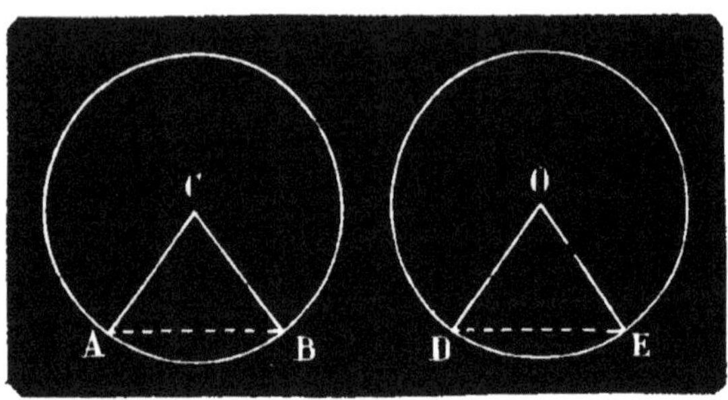

Fig. 36.

l'arc AB et 7 fois dans l'arc DE : l'arc AB est les $\frac{4}{7}$ de l'arc DE.

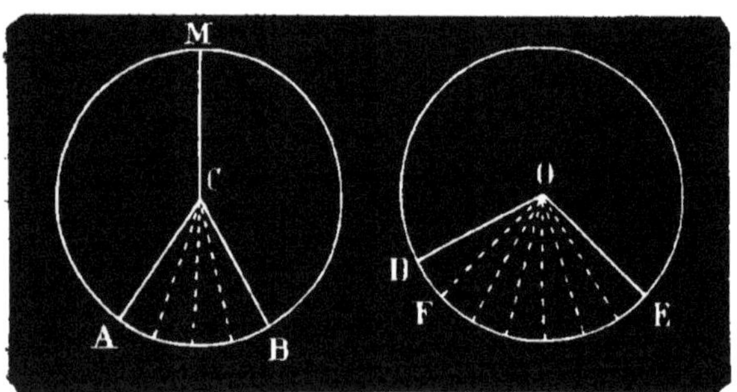

Fig. 37.

Si du centre on tire des rayons à tous les points de division des arcs, on partage les angles ACB et DOE en angles égaux à l'angle DOF, et comme il y en a 4 dans l'un et 7 dans l'autre, on voit que l'angle ACB est aussi les $\frac{4}{7}$ de l'angle DOE.

37. Mesure de l'angle par son arc.—Pour savoir ce que vaut un angle BOC (fig. 38) par rapport à l'angle droit BOA, il suffit de décrire un arc entre ses côtés, en prenant son sommet pour centre et un rayon quelconque, et de chercher le rapport qu'il y a entre l'arc BC et le quart BA de la circonférence.

C'est ce qu'on exprime en disant : *un angle au centre a pour mesure l'arc intercepté entre ses côtés.*

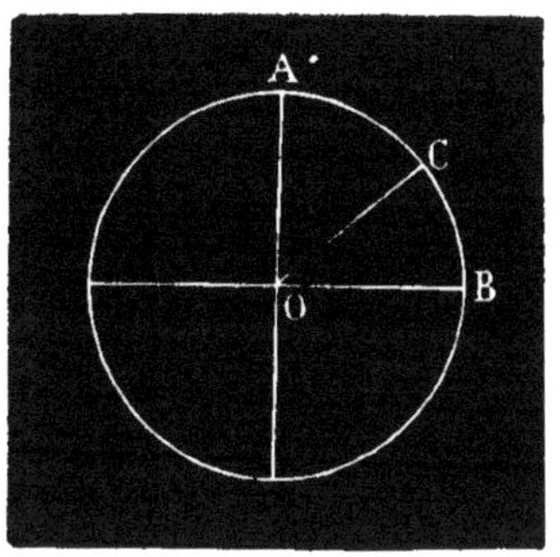

Fig. 38.

38. Division de la circonférence. — On a divisé la circonférence, non pas en dixièmes et en centièmes comme dans le système métrique ; on a conservé l'ancienne division de la circonférence en 360 parties égales nommées *degrés*. Le degré est divisé en 60 parties égales nommées *minutes*, et la minute en 60 parties égales nommées *secondes*. Il ne faut pas confondre les minutes et les secondes de la circonférence avec celles du temps.

Pour indiquer un nombre de degrés, minutes et secondes, on met au-dessus du nombre de degrés et un peu à droite ce signe (°), sur le nombre de minutes un accent, et sur le nombre de secondes deux accents.

Ainsi, pour 38 degrés 14 minutes et 15 secondes, on écrit :

$$38^\circ\ 14'\ 15''.$$

39. Rapporteur. — On trouve facilement le nombre de degrés de l'arc correspondant à un angle, au moyen du *rapporteur* (fig. 39).

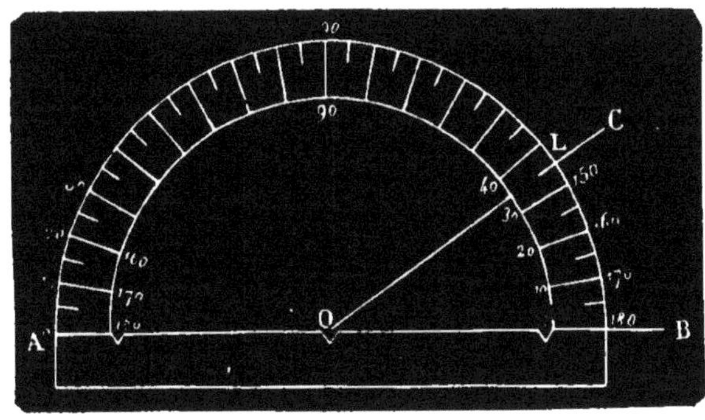

Fig. 39.

C'est un demi-cercle de cuivre évidé ou de corne transparente. Deux demi-circonférences tracées sur son contour portent, l'une en sens inverse de l'autre, la graduation de 0° à 180° à partir du diamètre, afin qu'on puisse compter à volonté d'une extrémité ou de l'autre.

Supposons qu'il s'agisse de mesurer l'angle BOC. On place le centre du rapporteur au sommet O de l'angle, et le diamètre du rapporteur sur le côté OB, et on lit le n° par lequel passe l'autre côté OC. Dans la figure, l'angle BOC vaut à peu près 35°, c'est-à-dire $\frac{35}{90}$ de l'angle droit[1].

40. Construction d'un angle de grandeur donnée. — 1° *L'angle est donné en degrés.*

Soit à construire un angle de 65 degrés. Ayant tiré une droite, on y applique le diamètre du rapporteur, en mettant son centre à l'extrémité de la droite; on marque ensuite le point qui correspond au n° 65 du rapporteur. Par ce point et celui où est le centre du rapporteur, on tire une droite et on a ainsi l'angle demandé.

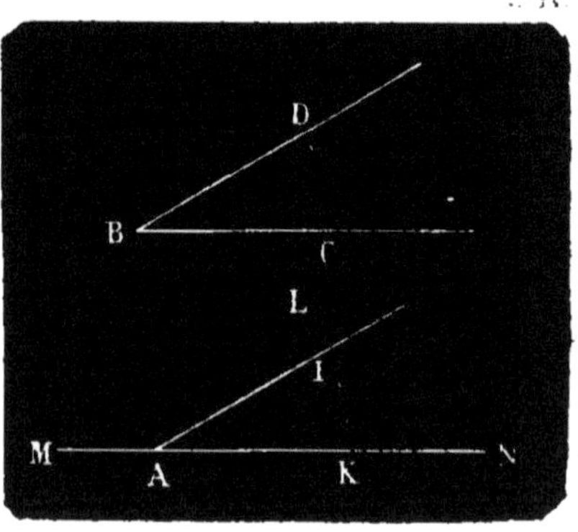

Fig. 40.

2° *L'angle donné est une figure* CBD (fig. 40).

On pourrait chercher avec le rapporteur le nombre de degrés de l'angle CBD et en construire un égal, comme dans le cas précédent; mais il vaut mieux opérer avec le compas.

Pour cela, on décrit du sommet B pris pour centre, et avec un rayon quelconque, un arc CD terminé aux côtés de l'angle. Puis d'un point A pris pour centre sur une droite MN, on décrit avec le même rayon un arc KL; on y porte à partir de K une ouverture de compas égale à CD, ce qui donne l'arc KI. En tirant de A une droite par ce point I, on a l'angle demandé IAK.

41. Addition, soustraction et multiplication des angles. — A l'aide des constructions qu'on vient

1. Pour la mesure d'un angle sur le terrain, voir à la fin, *Chapitre supplémentaire.*

d'indiquer, il est facile de trouver un angle qui soit la somme ou la différence de deux angles donnés, qui soit double, triple, quadruple d'un angle donné.

Pour en donner un exemple, nous traiterons le problème suivant : *construire l'angle qui, augmenté des deux angles* B *et* C, *donne une somme égale à deux angles droits* (fig. 41).

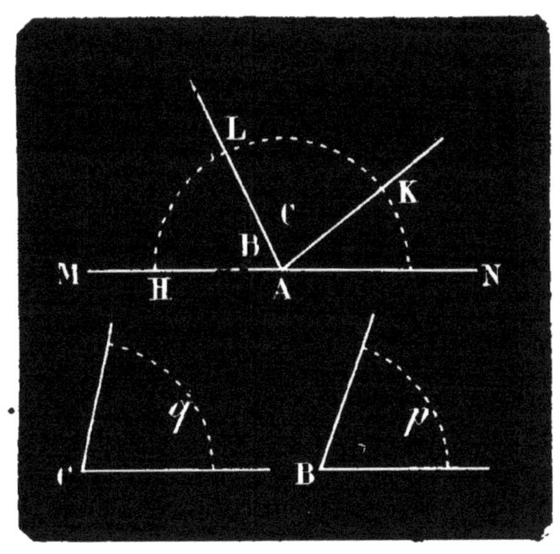

Fig. 41.

D'un point A pris pour centre sur une droite indéfinie MN, on décrit une demi-circonférence avec un rayon quelconque, et avec le même rayon on décrit les arcs p et q qui mesurent les angles B et C. On les porte sur la demi-circonférence, l'un, p, à partir de AM en HL, et l'autre à la suite, en LK ; on tire les droites AL et AK et l'angle KAN est l'angle demandé.

42. Division des angles et des arcs. — 1° *Diviser l'angle* ABC (fig. 42) *en deux parties égales.*

Du sommet B pris pour centre et avec un rayon quelconque, on décrit l'arc FG terminé aux deux côtés de l'angle. On cherche ensuite un point qui soit également distant de F et de G, en décrivant, de ces deux points pris pour centre et avec un même rayon, deux arcs qui se coupent en un point D. La droite menée du sommet à ce point D partage l'angle et l'arc FG en deux parties égales.

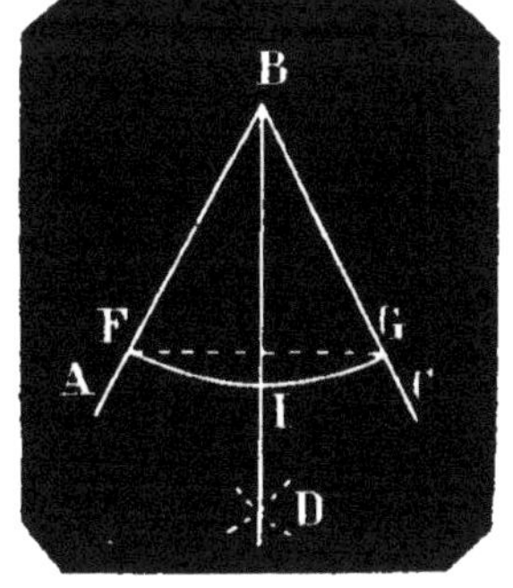

Fig. 42.

En effet, la droite BD étant perpendiculaire au milieu de la corde FG est un axe de symétrie de la figure.

En divisant de la même manière la moitié de l'angle

ABC ou de l'arc FIG en 2 parties égales, puis ces nouvelles moitiés encore en deux et ainsi de suite, on aura divisé l'angle et l'arc en 2, 4, 8, 16 parties égales.

2° Pour partager un angle en un autre nombre de parties égales, par exemple en trois parties, il faut diviser l'arc en trois parties égales par tâtonnement.

On pourrait aussi mesurer le nombre de degrés de l'angle avec le rapporteur, en prendre le tiers et faire alors un angle égal à ce tiers.

43. Bissectrice. — La droite qui divise un angle en deux parties égales est appelée BISSECTRICE.

Chaque point de la bissectrice est également distant des deux côtés de l'angle.

Par exemple les deux perpendiculaires qu'on abaisserait du point I, figure 42, sur les côtés BA et BC auraient la même longueur.

44. Angle inscrit. — On rencontre souvent dans les figures de géométrie des angles qui, situés dans un cercle, ont leur sommet non au centre, mais sur la circonférence, comme l'angle ABC (fig. 43). Ces angles sont appelés ANGLES INSCRITS (sous-entendu dans un cercle).

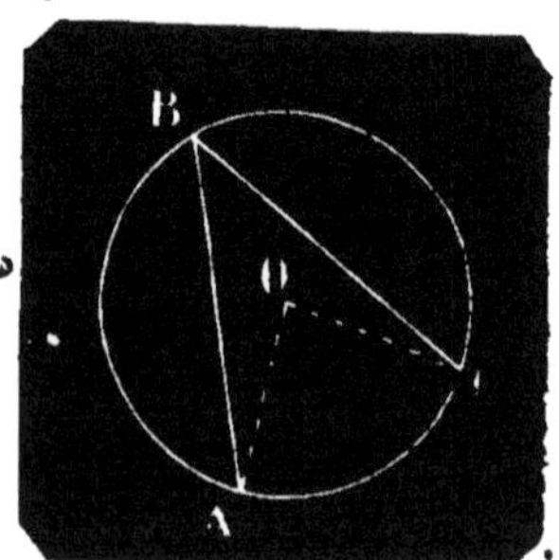

Fig. 43.

L'angle inscrit a seulement pour mesure la moitié de l'arc intercepté entre ses côtés.

Pour connaître le nombre de degrés de l'arc AC, on pose le centre du rapporteur au centre O du cercle et le diamètre le long du rayon OA ; le nombre par lequel passe le rayon OC est le nombre de degrés de l'arc. La moitié de ce nombre de degrés indique la grandeur de l'angle inscrit ABC.

REMARQUE. — Ce théorème a une grande importance [1]. Nous en tirerons seulement la conséquence suivante : *tous les angles inscrits dont les côtés aboutissent aux extrémités d'un diamètre sont des angles droits.*

1. On trouvera la démonstration de ce théorème au *Chapitre supplémentaire.*

Par le mot grec *théorème* on désigne une vérité qui, pour être rendue évidente, a besoin d'une démonstration.

Tels sont les angles ACB, ADB, AFB (fig. 44).

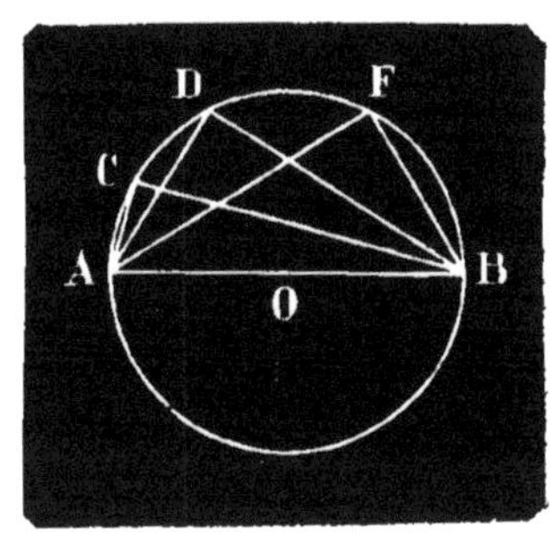

Fig. 44.

Ce principe fournit le moyen suivant d'élever une perpendiculaire à l'extrémité d'une droite sans la prolonger.

45. Tracé de la perpendiculaire à l'extrémité d'une droite. — *Élever une perpendiculaire à l'extrémité* B *de la droite* AB (fig. 45).

D'un centre quelconque O pris hors de la droite AB, on décrit une circonférence passant par le point B. Du point C où elle coupe la droite AB, on tire un diamètre CD; la droite menée par le point D et le point B est perpendiculaire à la droite AB.

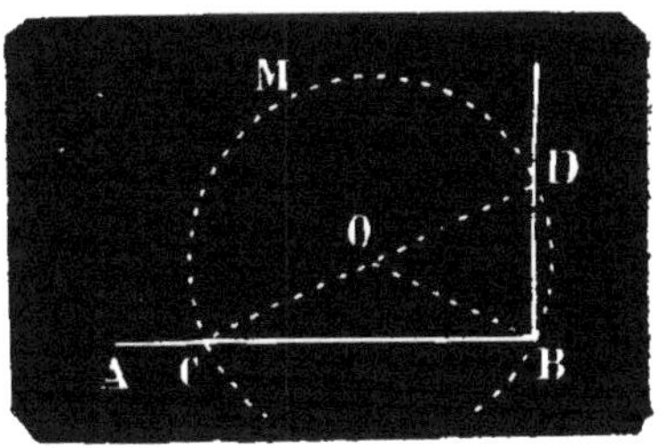

Fig. 45.

CHAPITRE VI

CIRCONFÉRENCE. — TANGENTE.

46. Tracé de la circonférence par des points donnés. — 1° *Décrire une circonférence passant par deux points donnés* A *et* B (fig. 46).

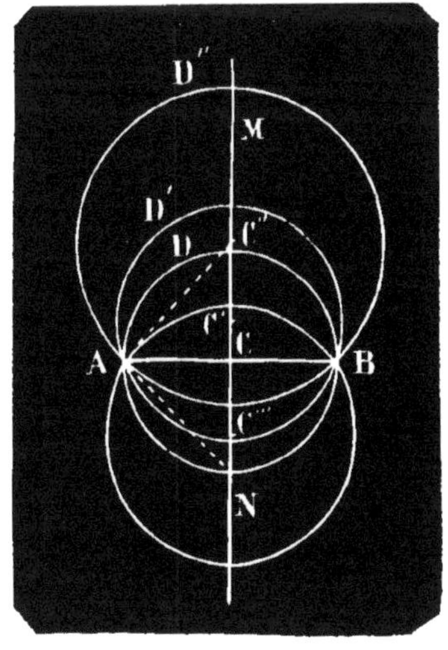

Fig. 46.

On élève une perpendiculaire au milieu de la droite AB, et chaque point de cette perpendiculaire étant également distant des points A et B pourra être pris pour centre d'une circonférence passant par ces points. *Par deux points, on peut donc faire passer une infinité de circonférences, et leurs centres se trouvent tous sur la perpendiculaire indéfinie menée par le milieu de la droite qui unit ces deux points.*

2° *Décrire une circonférence par trois points* A, B, C, *qui ne sont pas en ligne droite* (fig. 47).

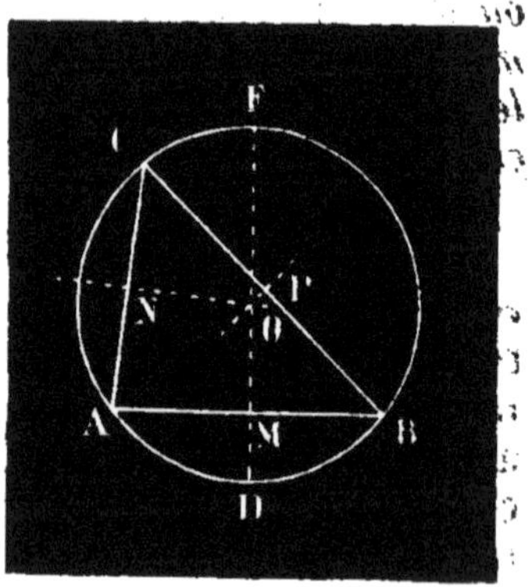

Fig. 47.

Après avoir joint les points A, B et C par des lignes droites, on mène une perpendiculaire au milieu de AB et une autre au milieu de AC; ces deux perpendiculaires en se coupant donnent par leur intersection le point O, qui est le centre de la circonférence demandée.

En effet, appartenant à la perpendiculaire MO, il est également distant de A et de B; appartenant à la perpendiculaire NO, il est également distant de A et de C; il est donc également distant des trois points A, B et C.

Remarques. — 1° Si on élevait une perpendiculaire au milieu de la troisième droite BC, elle passerait aussi par le point O; ainsi il n'y a qu'un point qui soit également distant des trois points A, B, C. Donc *par trois points non situés en ligne droite on ne peut décrire qu'une circonférence.*

2° Il faut trois points pour déterminer une circonférence; mais un des points peut être remplacé par une autre condition, par exemple une longueur donnée au rayon.

Supposons qu'on ait à décrire une circonférence passant par deux points donnés A et B (fig. 46) et ayant un rayon de 13 millimètres. Après avoir élevé une perpendiculaire MN sur le milieu de AB, on décrit de A pris pour centre avec un rayon de 13 millimètres un arc qui coupe la perpendiculaire; en deux points C″ et N. Ces deux points sont les centres de deux circonférences égales; chacune est la circonférence demandée.

47. Diamètre perpendiculaire à une corde. — Du tracé de la circonférence par trois points donnés résultent les conséquences suivantes.

1° *Le diamètre perpendiculaire à une corde de la circonférence passe par le milieu de la corde; il passe aussi au milieu de l'arc sous-tendu par la corde.*

2° *Pour trouver le centre d'une circonférence déjà tracée, ou d'un arc seulement, il suffit de tirer deux cordes d'un même point ou non de l'arc et d'élever une perpendiculaire par le milieu de chacune; le point où elles se coupent est le centre cherché.*

48. Distances de deux cordes au centre. — La distance du centre à une corde est mesurée par la perpendiculaire abaissée du centre sur cette corde; elle tombe au milieu de la corde.

1° *Si deux cordes* AB et CD (fig. 48) *sont égales, leurs distances au centre* OM *et* ON *sont égales.*

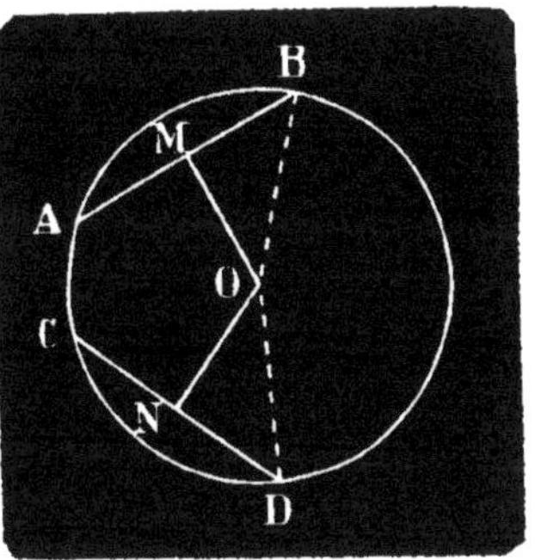

Fig. 48.

2° *Si deux cordes* AB *et* CD (fig. 49) *sont inégales, la plus grande* AB *est la plus rapprochée du centre.*

C'est ce qu'on met en évidence en tirant la corde AE, égale à la corde CD.

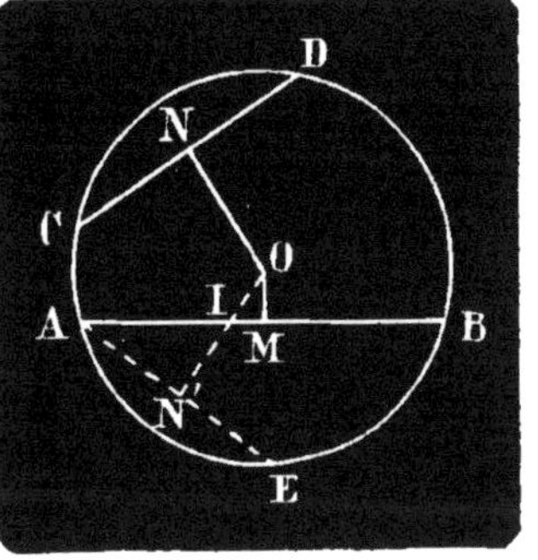

Fig. 49.

49. Arcs interceptés entre deux cordes parallèles. — *Deux arcs interceptés sur une circonférence entre deux cordes parallèles sont égaux.*

Ainsi, les droites AB et CD étant parallèles (fig. 50), les deux arcs AC et BD sont égaux. En effet, si on tire un diamètre MN perpendiculaire à la corde AB, il l'est aussi à la corde CD et passe par le milieu de chacune : c'est un axe de symétrie. Par suite, AC coïnciderait avec BD, si on pliait la figure le long de MN.

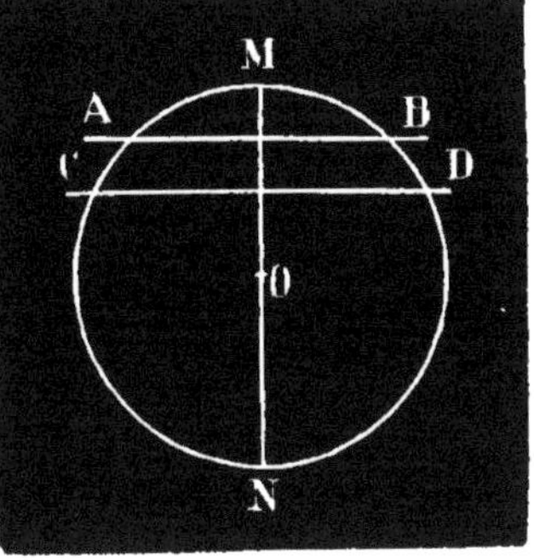

Fig. 50.

50. Droite tangente à la circonférence. — Soit une droite MN coupant une circonférence O (fig. 51). Tirons un diamètre CD perpendiculaire à la sécante; il sera perpendiculaire au milieu de la corde AB.

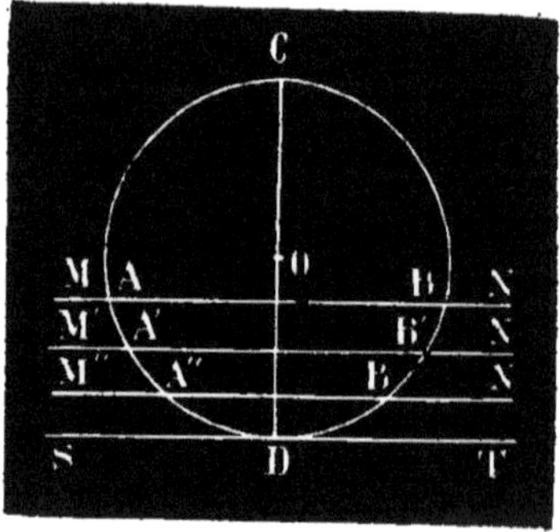

Fig. 51.

Si on imagine que la sécante s'éloigne du centre en restant toujours parallèle à elle-même, dans ses positions successives, telles que M'N', M''N'', etc., ses deux points d'intersection avec la circonférence se rapprocheront de plus en plus l'un de l'autre, en restant à égale distance du diamètre CD. Ils se confondront en un seul, quand la sécante sera arrivée à l'extrémité D du diamètre dans la position ST.

La sécante dans cette position est dite TANGENTE[1].

Une droite est donc tangente à la circonférence quand elle ne la touche qu'en un point.

REMARQUE. — D'après l'explication précédente, *la tangente est perpendiculaire à l'extrémité du rayon aboutissant au point de contact.*

51. Tracé de la tangente. — 1° *Mener une tangente à la circonférence par un point* A *pris sur cette circonférence* (fig. 52).

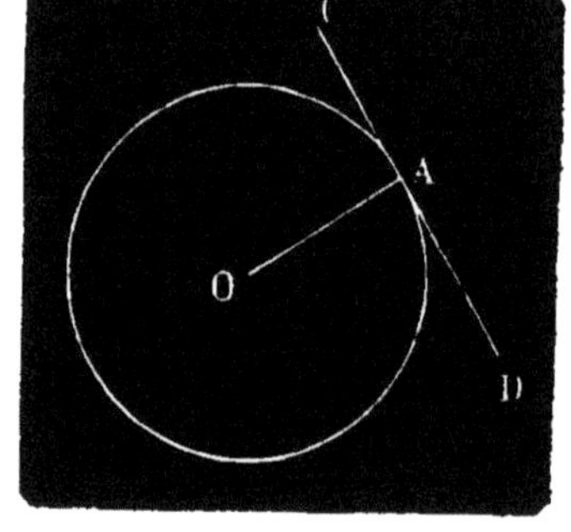

Fig. 52.

On tire un rayon OA au point A, et par ce point A on mène une droite perpendiculaire à ce rayon; la perpendiculaire CD est la tangente demandée.

REMARQUE. — Par le point A, on ne peut mener qu'une tangente, puisqu'il ne peut y avoir par ce point qu'une seule perpendiculaire au rayon OA.

2° *Mener une tangente à la circonférence* C *par un point* A *pris hors de cette circonférence.* (fig. 53).

1. *Tangente* est un participe présent emprunté au latin et signifiant *qui touche.*

1re *Construction.* — Après avoir tiré par le point A et le centre C la droite MA, on décrit du point A pris pour centre une circonférence passant par le centre C; sur cette circonférence, on porte à droite et à gauche de C une ouverture de compas égale au diamètre MN, ce qui coupe la circonférence aux points F et G. On tire les cordes CF, et CG et par les points B et D, où elles sont coupées par la première circonférence, on mène des droites au point A. Les droites AS et AT ainsi obtenues sont les tangentes demandées.

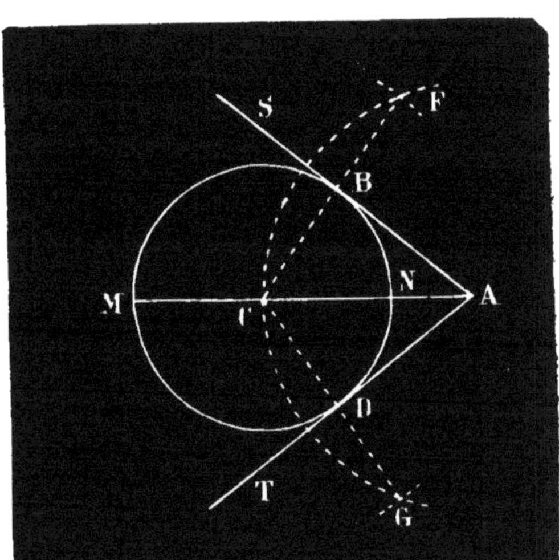

Fig. 53.

En effet, passant par le centre A de la deuxième circonférence et par les milieux B et D des cordes CF et CG, elles sont perpendiculaires aux extrémités des rayons CB et CD.

2e *Construction.* — Sur la distance AC prise pour diamètre (fig. 54), on décrit une circonférence qui coupe la circonférence donnée C en deux points B et D. Par chacun de ces deux points et le point A, on mène les droites AB et AD, qui sont les tangentes cherchées.

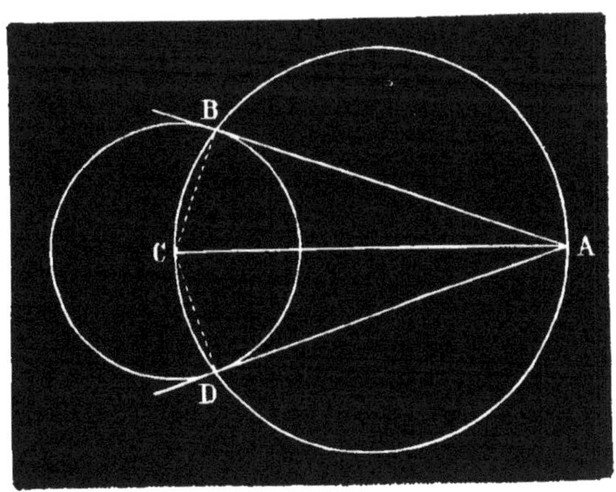

Fig. 54.

En effet, les angles CBA et CDA inscrits dans la deuxième circonférence sont droits, puisqu'ils ont pour mesure la moitié d'une demi-circonférence ; les droites AS et AD, étant ainsi perpendiculaires à l'extrémité d'un rayon, sont tangentes à la circonférence.

52. Mener une tangente commune à deux circonférences. — 1° *Chaque tangente doit être du même côté des deux circonférences* CA *et* OB (fig. 55).

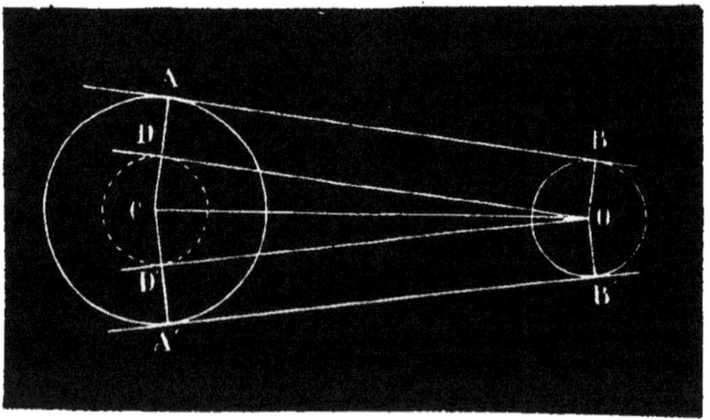

Fig. 55.

Dans la plus grande des deux circonférences données et du même centre, on décrit une troisième circonférence DD', avec un rayon égal à la différence des rayons CA et OB. Du centre O, on mène à cette troisième circonférence deux tangentes OD et OD'; on prolonge jusqu'en A et en A' les rayons CD et CD' perpendiculaires à OD et OD'; on élève les rayons OB et OB' perpendiculaires à OD et à OD' et enfin on tire une droite par A et B, et une autre par A' et B'.

Ces droites AB et A'B' sont tangentes aux deux circonférences ; car l'une est perpendiculaire aux rayons CA et OB et l'autre aux rayons CA' et OB'. Prolongées, elles iraient se rencontrer sur la direction de la droite des centres CO.

2° *Chaque tangente doit passer entre les deux circonférences* (fig. 56).

La construction est analogue à celle du cas précédent.

La troisième circonférence est décrite avec un rayon égal à la somme des rayons des circonférences données, au lieu de leur différence, et les rayons parallèles OB et CA ainsi que OB' et CA' sont dirigés en sens inverse.

Observation. — On trouve un exemple de ces doubles tangentes dans la corde sans fin ou les courroies, qui pas-

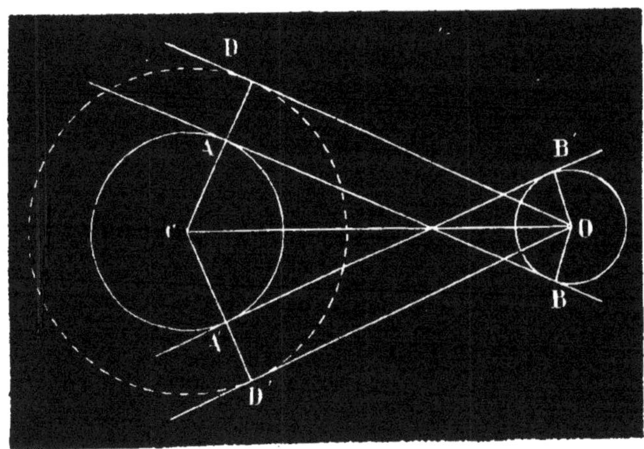

Fig. 56.

sent sur deux poulies ou deux roues, pour communiquer à l'une le mouvement de l'autre.

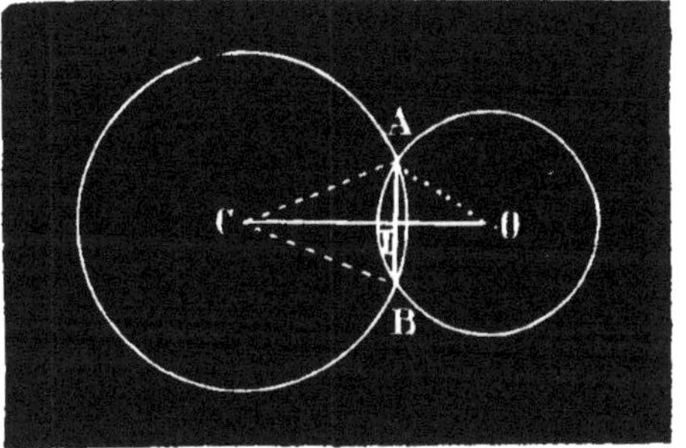

Fig. 57.

53. Circonférences sécantes ou tangentes. — 1° *Quand deux circonférences se coupent, la droite des centres est perpendiculaire au milieu de la corde qui joint les deux points d'intersection.*

En effet, le centre C (fig. 57) est également distant des extrémités A et B de la corde AB; de même le centre O. La droite CO est donc perpendiculaire au milieu I de AB.

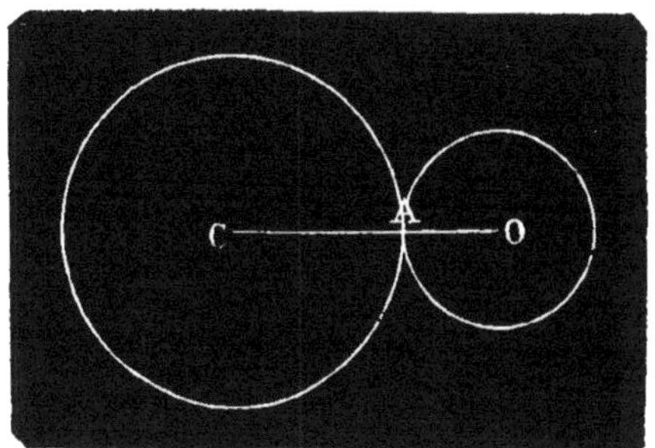

Fig. 58.

2° Si on éloigne l'un de l'autre les centres C et O, la corde AB diminue et est toujours coupée en son m[ilieu] par la droite CO ; elle finit par se réduire à un poi[nt] (fig. 58), qui se trouve sur la droite des centres. A ce [mo]ment, les deux circonférences, ne se touchant qu'e[n un] point, sont dites TANGENTES.

Si on rapproche l'un de l'autre les centres C et O de la figure 57, les deux circonférences finissent par être tangentes l'une au dedans de l'autre (fig. 59).

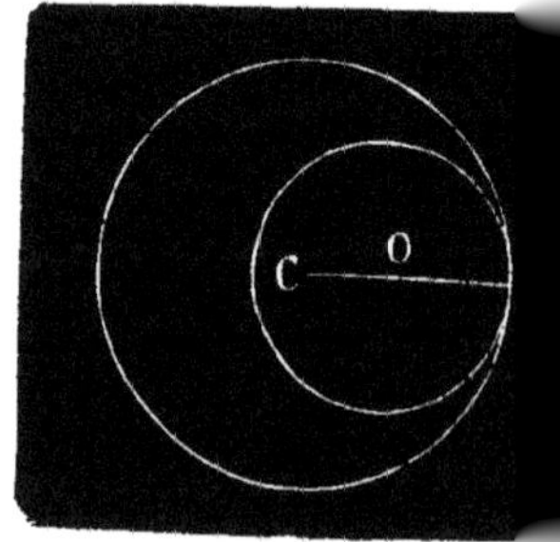

Fig. 59.

REMARQUE. — Quand deux circonférences sont tangentes, la droite des centres passe toujours par le point de contact.

54. Positions relatives de deux circonférences. — Outre les trois positions que deux circonférences occupent dans les figures 59, 58 et 57, il y en a encore deux autres : elles peuvent être l'une hors de l'autre sans point commun (fig. 60), et l'une au dedans de l'autre sans point commun (fig. 61).

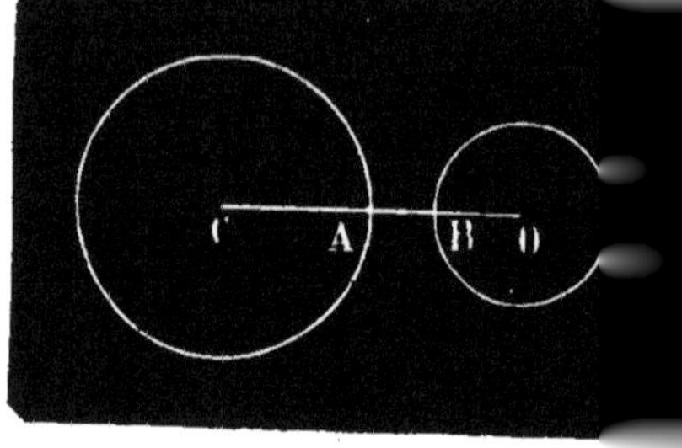

Fig. 60.

1° *Quand deux circonférences sont extérieures l'une à l'autre sans se toucher* (fig. 60), *la distance des centres est plus grande que la somme des rayons.*

Elle la surpasse de la distance AB ; on a donc

$$CO > CA + BO.$$

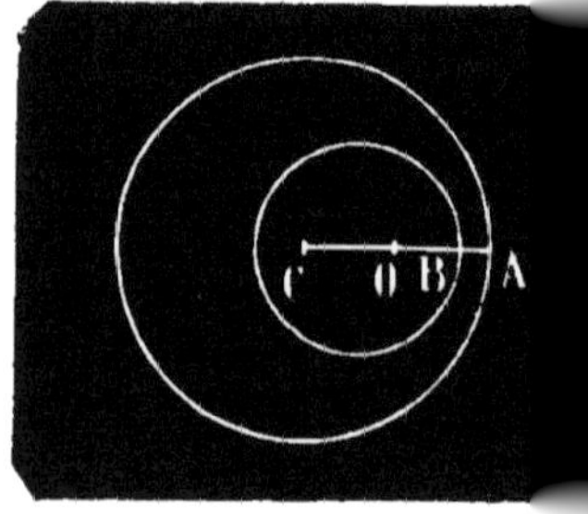

Fig. 61.

2° *Quand elles sont intérieures l'une à l'autre sans se toucher* (fig. 61), *la distance [des] centres est plus petite que la différence des rayons.*

En effet, la différence des rayons $CA - OB$ est $CO + BA$; on a donc

$$CO < CA - OB.$$

3° *Quand deux circonférences sont tangentes extérieurement* (fig. 58), *la distance des centres est égale à la somme des rayons.*

En effet, le point de contact étant sur la droite des centres, on a

$$CO = CA + AO.$$

4° *Quand deux circonférences sont tangentes intérieurement* (fig. 59), *la distance des centres est égale à la différence des rayons.*

On a alors $CO = CA - AO.$

5° *Quand deux circonférences se coupent* (fig. 57), *la distance des centres est plus petite que la somme des rayons.*

D'abord la droite CO étant plus petite que la ligne brisée $CA + AO$, on a

$$CO < CA + AO.$$

En outre, cette distance est plus grande que la différence des rayons.

En effet, on a d'abord

$$CA < CO + AO.$$

Or on peut retrancher AO aux deux membres de cette inégalité sans l'altérer; on trouve ainsi

$$CA - AO < CO \quad \text{ou} \quad CO > CA - AO.$$

Conséquences. — Les relations qu'on vient d'indiquer entre la distance des centres et les deux rayons permettent de savoir d'avance la position qu'auront deux circonférences, quand on connaît seulement leurs rayons et la distance qui doit séparer leurs centres.

Par exemple, deux circonférences doivent avoir, la première un rayon de 8 centimètres, la seconde un rayon de 5 centimètres, la distance de leurs centres étant de 4 centimètres. Quelle position auront-elles?

La distance des centres 4 centimètres est moindre que la somme $8 + 5 = 13$ centimètres des rayons ; en outre, elle est plus grande que leur différence $8 - 5 = 3$ centimètres ; donc ces deux circonférences se couperont.

CHAPITRE VII

CONSTRUCTION DE DIVERSES COURBES AU MOYEN D'ARCS DE CERCLE.

55. Raccordement des arcs et des droites. — Pour qu'un arc AC et une droite AB se raccordent (fig. 62), il faut qu'au point de jonction la droite prolongée soit tangente à l'arc. Pour que deux arcs AC et AD de rayons différents se raccordent, il faut qu'ils aient en ce point la même tangente. Dans ce cas, la droite LA étant perpendiculaire à la droite BB' et les arcs CAD, C'AD' ayant leurs centres en O et O', les arcs AC et AC' sont raccordés en A avec la droite BA; de même les deux arcs D'A et AC sont raccordés en A, ainsi que les arcs DA et AC'.

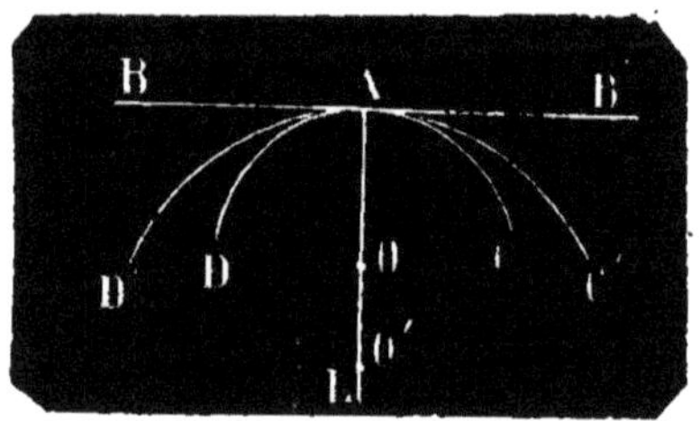

Fig. 62.

S'il n'en était pas ainsi, la droite et l'arc, ou les deux arcs, se couperaient et formeraient au point commun ce qu'on nomme un *jarret*.

56. Normale. — Quand une droite est perpendiculaire au point de contact sur la tangente à un arc de courbe, on dit qu'elle est NORMALE à la courbe en ce point [1].

Cette normale peut être regardée comme perpendiculaire à l'arc infiniment petit situé au point de contact, et dont la tangente n'est que le prolongement rectiligne.

Dans une circonférence, tout rayon est une normale à la circonférence; mais une corde qui ne passe pas le centre coupe obliquement la circonférence.

57. Moulures d'architecture. — Les raccordements sont fréquemment employés pour le tracé des ornements d'architecture nommés *moulures*, et dans la construction de certaines courbes.

Nous donnons dans le tableau ci-contre (fig. 63) les principales moulures, avec leurs noms, sans entrer dans

1. *Normale* est un adjectif venant du latin *norma*, qui signifie *équerre* et en général *règle*.

aucun détail; chaque figure montre assez clairement comment elle est construite. Les droites qui s'y trouvent sont toutes parallèles ou perpendiculaires entre elles;

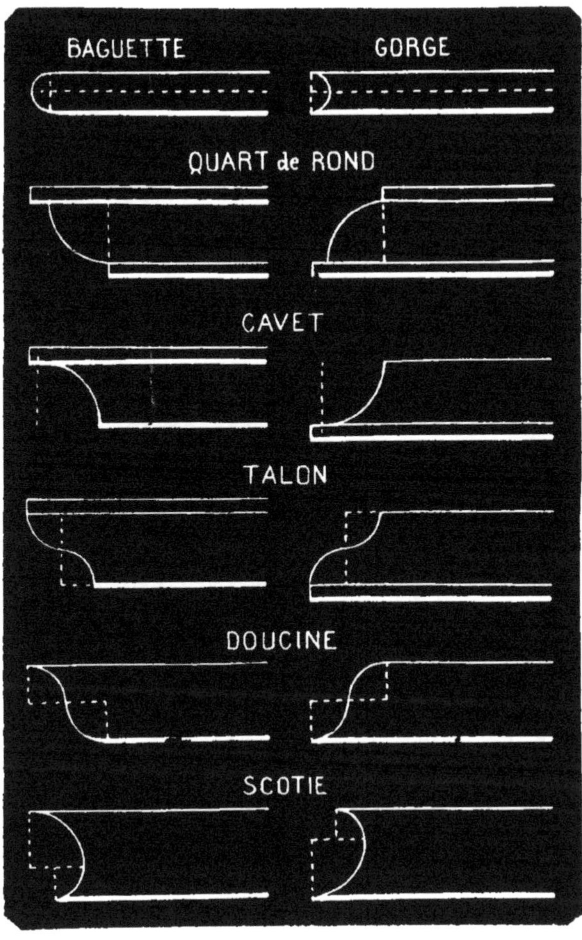

Fig. 63.

les arcs sont des quarts de circonférence, excepté dans la baguette et la gorge, où l'on distingue une demi-circonférence; les lignes pointillées ne servent qu'à expliquer et à aider la construction.

La combinaison de ces moulures sert à composer les corniches, les dessins et les vases de diverses formes, dont on trouve les modèles dans tous les traités de dessin linéaire.

58. Ove [1]. — *Construire un* OVE *sur une droite donnée.*

Sur la droite donnée AA′ (fig. 64) prise pour diamètre, on décrit une circonférence; on mène un autre diamètre CD perpendiculaire au premier et on tire les droites AD et A′D. De A et de A′ pris pour centres, on décrit avec AA′ pour rayon les arcs A′B′ et AB, et enfin on les raccorde, en décrivant du point D pris pour centre l'arc BB′.

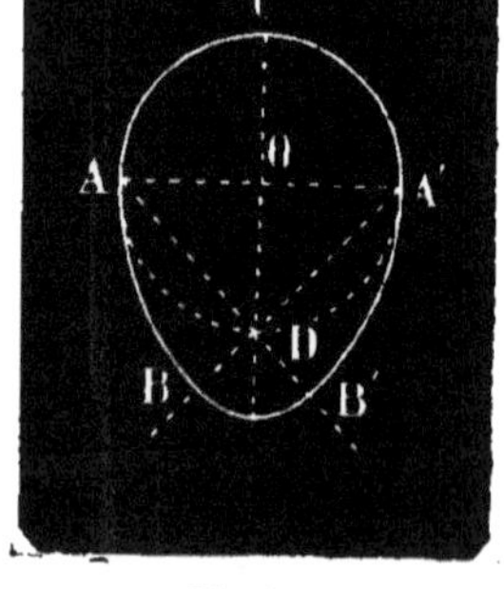

Fig. 64.

59. Ovale. — L'OVALE peut être regardé comme une circonférence qui aurait été aplatie dans la direction d'un diamètre et allongée dans la direction du diamètre perpendiculaire au premier. On le construit de diverses manières; nous allons indiquer les procédés les plus commodes.

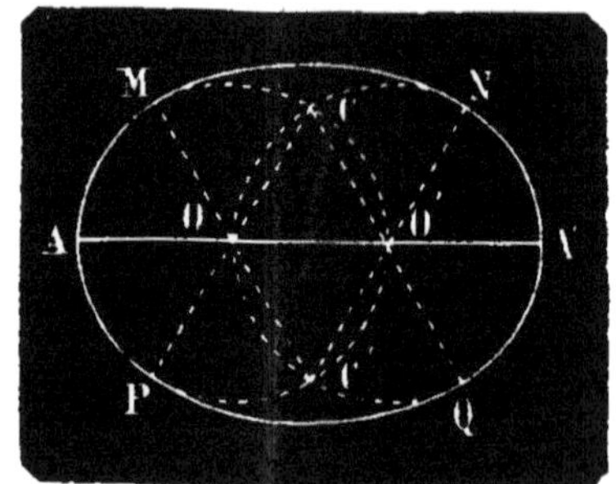

Fig. 65.

PREMIER CAS. — *La longueur d'un axe seulement AA′ est donnée* (fig. 65).

1re *Construction.* — On divise AA′ en trois parties égales, et des points O et O′ pris pour centres on décrit avec OA pour rayon deux circonférences, qui se coupent en C et C′. On tire les diamètres CP, CQ, C′M, C′N; puis, des points C et C′ pris pour centres, on décrit les arcs égaux PQ et MN, qui raccordent les arcs égaux PAM et QA′N.

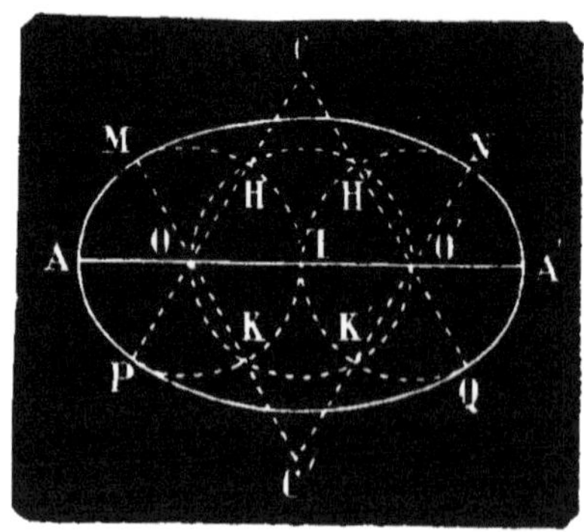

Fig. 66.

2e *Construction* (fig. 66). — On divise l'axe donné

1. Les noms *ove* et *ovale* viennent du latin *ovum*, œuf; ils sont du genre masculin.

AA' en quatre parties égales; des points O, I, O' pris pour centres, on décrit trois circonférences égales avec un rayon égal à OA. On mène des droites par les points O et H, les points O' et H', les points O et K, les points O' et K'; puis des points C et C' pris pour centres on décrit les arcs égaux PQ et MN, qui raccordent les arcs égaux PAM et QA'N.

DEUXIÈME CAS. — *On donne les deux axes* AA' *et* BB' (fig. 67). Ayant mené les deux axes, l'un perpendiculaire au milieu de l'autre, on joint leurs extrémités par les droites AB, BA', A'B' et B'A; on rabat OB sur OA en OD. On prend avec le compas la différence AD des deux demi-axes, et on la porte en BH et BH' sur BA et BA'. Par le milieu de AH et le milieu de A'H', on mène deux perpendiculaires qui, en raison de la symétrie de la figure, se rencontrent au même point C', sur la direction du petit axe, et coupent le grand axe aux points I et I', également distants des extrémités A et A'. De ces points I et I' pris pour centres, on décrit les arcs égaux PAM et QA'N; puis on les raccorde par les arcs égaux MBN et PB'Q, décrits du point C' et de son symétrique C, pris pour centres, avec C'B pour rayon.

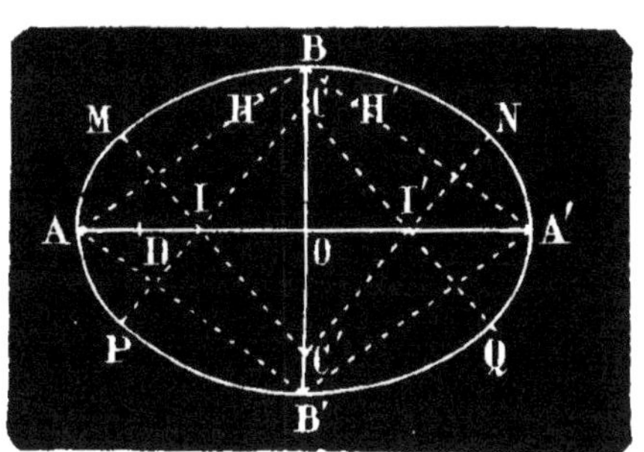

Fig. 67.

On peut démontrer en effet que la distance C'B est égale à C'M.

Anse de panier. — La moitié de l'ovale ainsi obtenu, située d'un côté du grand axe, est désignée habituellement par le nom d'ANSE DE PANIER. On l'emploie pour la courbe de l'arche des ponts à voûte surbaissée.

60. Ellipse. — L'ovale diffère peu d'une autre courbe fort importante nommée ELLIPSE[1], qui n'est pas composée d'arcs de cercle. On peut la construire par points ou d'un mouvement continu au moyen d'un fil.

1° *Construction d'un mouvement continu.* — Ayant mené les deux axes AA' et BB' (fig. 68), l'un perpendiculaire au

1. *Ellipse*, mot emprunté au grec, signifie *manque, omission.*

milieu de l'autre, on coupe le grand axe par un arc décrit de B comme centre avec la moitié du grand axe OA pour rayon, ce qui donne les deux points F et F'. En ces points, on attache les deux extrémités d'un fil d'une longueur égale au grand axe A'A; puis, tenant le fil

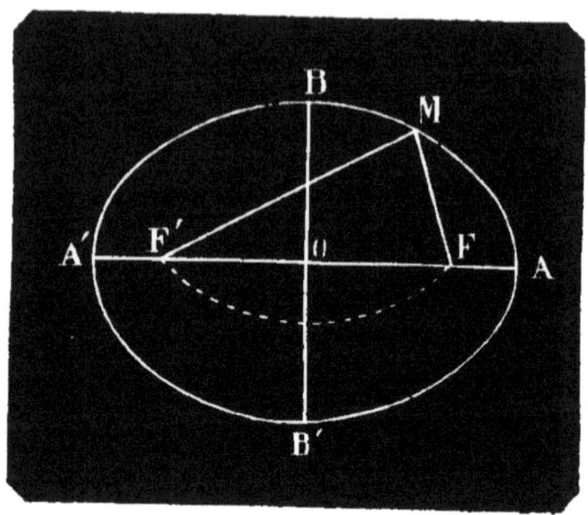

Fig. 68.

toujours tendu, comme dans la position F'MF, au moyen d'une pointe ou d'un crayon, on fait mouvoir le fil sur le plan, de chaque côté de A'A. Le crayon ainsi guidé par le fil décrit l'elllipse A'BAB'. C'est ainsi que les jardiniers la dessinent dans les parterres, pour tracer des corbeilles de fleurs.

D'après cette construction, on peut ainsi définir l'ellipse : *l'ellipse est une courbe plane fermée telle que la somme des distances de chacun de ses points à deux points fixes est constante.*

2° *Construction par points* [1]. — Il y a un moyen commode pour construire l'ellipse par points sans compas, à l'aide d'une règle formée tout simplement par une bande de papier pliée en deux.

Soit AA' et BB' les deux axes (fig. 69) et L la bande de papier repliée. Sur le pli on porte, à partir d'un point

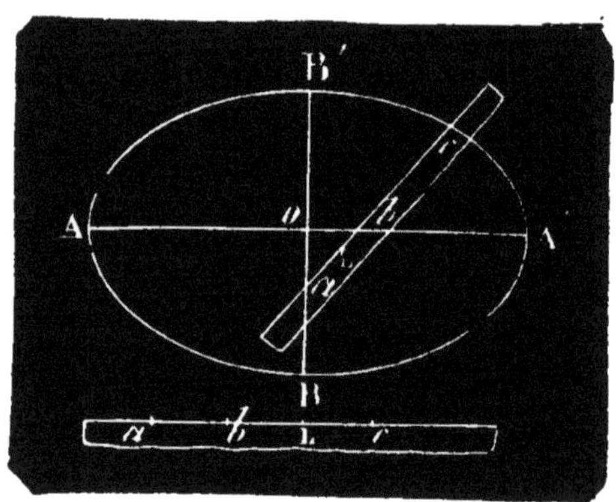

Fig. 69.

1. Voir à la fin, au *Chapitre supplémentaire*, une autre construction des points de l'ellipse.

quelconque *c*, une longueur *ca* égale à OA et une longueur *cb* égale à OB, de sorte que la distance *ab* est la différence entre les moitiés des deux axes. On place ensuite la règle de papier dans diverses positions, telles que L', en ayant soin que le point *a* soit constamment sur le petit axe et le point *b* sur le grand axe. On marque chaque fois le point *c* sur le papier, et on a ainsi autant de points de l'ellipse qu'on veut. Il ne reste plus qu'à les unir par un trait continu.

SYMÉTRIE DE L'ELLIPSE. — Il est évident que le fil prend d'un côté de la droite A'A les mêmes positions que de l'autre; par conséquent les deux portions d'ellipse situées des deux côtés de cette droite sont identiques et coïncideraient, si la figure était pliée le long de la droite A'A. Cette droite est donc un *axe de symétrie*. La perpendiculaire B'B, menée par le milieu de A'A, jouit de la même propriété; mais elle est plus petite que A'A; c'est le *petit axe*, tandis que A'A est le *grand axe*.

Le point O, où les axes se coupent, est le *centre* de l'ellipse; les deux points F' et F sont nommés *foyers*. Toute droite menée d'un foyer à la courbe est nommé *rayon vecteur*.

Si on rapproche les deux foyers l'un de l'autre, l'ellipse diffère de moins en moins d'un cercle, de sorte que le cercle peut être considéré comme une ellipse dont les deux foyers sont confondus avec le centre.

FOYERS. — Voici la raison de cette dénomination donnée à ces deux points.

Supposons qu'une surface courbe, comme celle de l'intérieur d'un œuf vide, ait été formée par une ellipse tournant autour de son grand axe. Si une petite flamme se trouve au point F, chaque rayon de lumière et de chaleur qu'elle envoie dans diverses directions, et qui rencontre la surface ellipsoïdale, tel que FM, sera réfléchi par elle et ira passer au point F'. Les rayons, se croisant tous en ce point, y formeront une image semblable à celle qui est en F; en outre, l'accumulation de chaleur qui y a lieu pourra enflammer un corps combustible, de l'amadou par exemple, qu'on y aurait placé.

Il en est de même pour la réflexion des rayons sonores; c'est ce qu'on observe dans une salle du Conservatoire des Arts et Métiers à Paris, dont la voûte est ellipsoïdale. Deux personnes se tenant à deux angles opposés peuvent s'entretenir à voix basse l'une avec l'autre, sans que les visiteurs qui passent entre elles entendent leur conversation.

Remarque. — L'ellipse est la courbe que décrit la terre autour du soleil en une année; les planètes parcourent aussi une ellipse. Le soleil est situé, non pas au centre, mais à l'un des foyers.

61. Parabole. — Si l'on imagine qu'une ellipse grandisse au delà de toute limite et que le centre soit porté à une distance infiniment grande, une des moitiés déterminées par le petit axe se perd dans l'infini et l'ellipse est alors changée en une courbe YAZ (fig. 70), qui va en s'ouvrant indéfiniment; cette courbe est nommée PARABOLE[1].

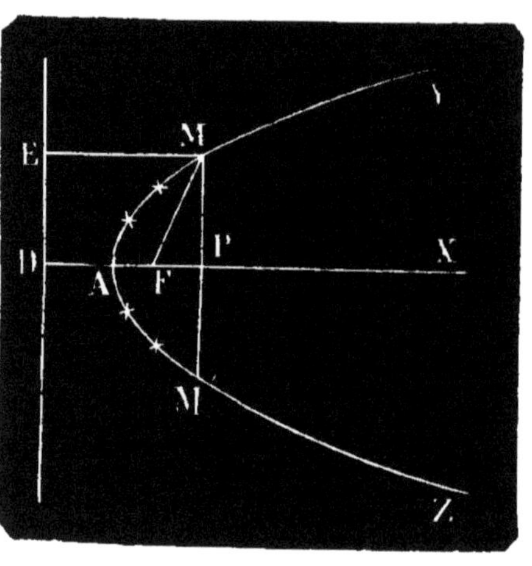

Fig. 70.

L'axe étant AX et F le foyer, si on prend AD = AF, et qu'on mène par le point D une perpendiculaire DE au prolongement de l'axe, *chaque point de la parabole est également distant de cette drotte et du foyer*. Cette droite est nommée DIRECTRICE.

La courbe que décrit la bombe lancée par un mortier est un arc de parabole.

62. Spirale. — *La* SPIRALE *est une ligne courbe qui, partant d'un point, s'en éloigne de plus en plus, en faisant autour de lui un nombre indéfini de révolutions*[2].

Elle se construit de plusieurs manières; voici le moyen d'en composer une de quarts de circonférence raccordés ensemble.

On mène deux parallèles $x'x$, $y'y$ (fig. 71), que l'on coupe perpendiculairement par deux autres parallèles

1. Voir à la fin, au *Chapitre supplémentaire*, la construction par points d'un arc de parabole.

Le mot *parabole* est emprunté au grec, où il signifie *comparaison, similitude.*

2. *Spirale* vient du grec et signifie *enroulement.*

$z'z$, $v'v$, ayant entre elles la même distance que les deux premières, ce qui forme un petit carré; les sommets 1, 2, 3, 4 seront les centres des quarts de circonférence dont la spirale sera composée.

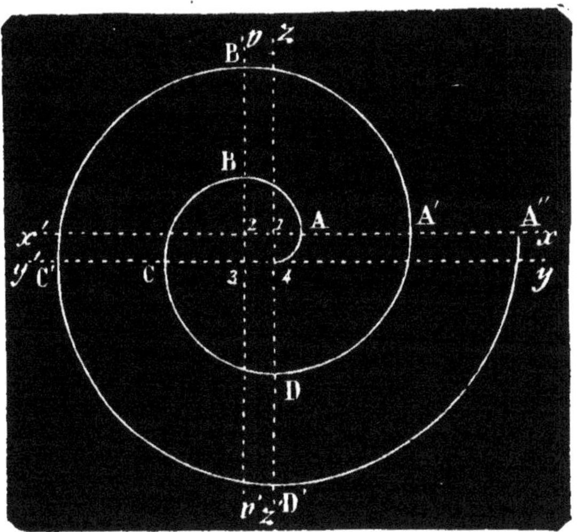

Fig. 71.

Du point 1 avec le côté du carré pour rayon, on décrit l'arc 4A; du point 2 avec la distance de ce point à A pour rayon, l'arc AB; du point 3 avec la distance de ce point à B pour rayon, l'arc BC; du point 4 avec la distance de ce point à C pour rayon, l'arc CD; du point 1 avec la distance de ce point à D pour rayon, l'arc DA', et ainsi de suite.

Les rayons des arcs sont les multiples successifs du côté du petit carré, et les distances 4D, AA', BB', CC', etc., sont égales au contour de ce carré.

On fait usage de cette courbe pour tracer un ornement d'architecture, qu'on voit dans certains chapiteaux de colonne et qu'on appelle *volute*.

CHAPITRE VIII

POLYGONES.

63. Définition.— *On appelle* POLYGONE *une figure plane formée par des lignes droites qui se coupent deux à deux* (fig. 72)..

Les droites AB, BC, etc. sont les *côtés;* les points de rencontre A, B, C... sont les *sommets*.

Il y a dans un polygone autant d'angles que de côtés.

Diagonale. — On nomme *diagonale* toute droite, telle que AC, AD, AE, qui traverse un polygone, en allant d'un sommet à un autre.

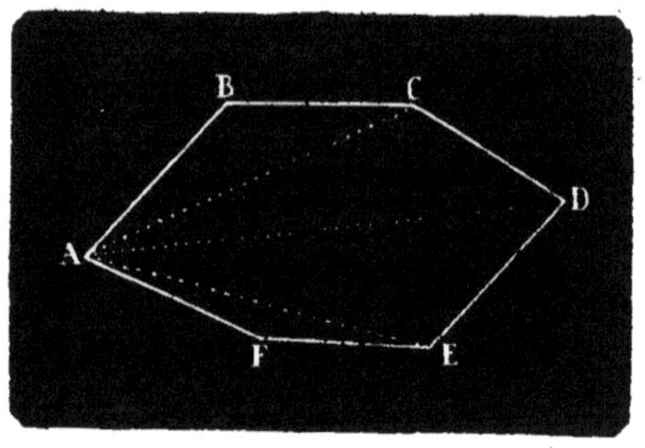

Fig. 72.

Dénominations des polygones. — On ne peut pas former un polygone avec moins de trois côtés. On appelle TRIANGLE le polygone de 3 côtés (fig. 73, 74, 75) ; QUADRILATÈRE, celui de 4 côtés; PEN-

Fig. 73. Fig. 74. Fig. 75.

TAGONE, celui de 5 côtés; HEXAGONE, celui de 6 côtés (fig. 72); OCTOGONE, celui de 8 côtés; DÉCAGONE, celui de 10 côtés; DODÉCAGONE, celui de 12 côtés. Les autres, n'étant pas souvent employés, n'ont pas de noms particuliers et sont seulement désignés par le nombre de leurs côtés [1].

64. **Triangles.** — Dans tout triangle, la perpendiculaire abaissée d'un sommet sur le côté opposé est appelée *hauteur* du triangle; le côté sur lequel elle tombe est la *base*. Dans le triangle ABC (fig. 76), le côté AC étant pris pour base, la perpendiculaire BD est la hauteur.

Il peut arriver que la hauteur se trouve hors du trian-

1. Il est fort inutile de charger la mémoire des élèves des mots *heptagone*, *ennéagone*, *hendécagone* et du nom *scalène* (boiteux) qui est appliqué au triangle dont les trois côtés sont inégaux; car on ne s'en sert jamais.

Ces noms sont grecs ainsi que les suivants : *polygone*, de *polugonon*, figure à plusieurs angles; *isoscèle*, qui a les jambes égales; *hypoténuse*, participe présent qui signifie *sous-tendant*.

Les noms *triangle*, figure à trois angles: *quadrilatère*, figure à quatre côtés, sont tirés du latin. *Diagonale* (à travers les angles) vient l'adjectif latin *diagoanalis*, tiré lui-même du grec.

gle et ne rencontre que le prolongement de la base, comme cela a lieu pour le triangle ABC (fig. 77).

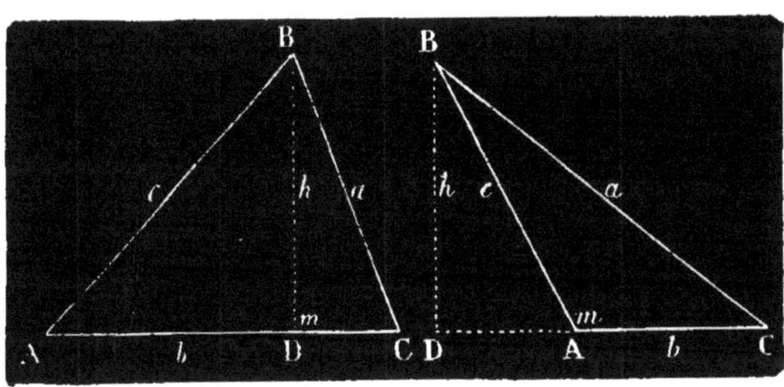

Fig. 76. Fig. 77.

On peut prendre pour base l'un quelconque des trois côtés; il y a donc dans un triangle trois hauteurs. On démontre que ces trois hauteurs se coupent au même point.

Parmi les triangles, il en faut distinguer trois :

1° le triangle RECTANGLE (fig. 78), qui a un angle droit; le côté opposé à l'angle droit porte le nom d'HYPOTÉNUSE;

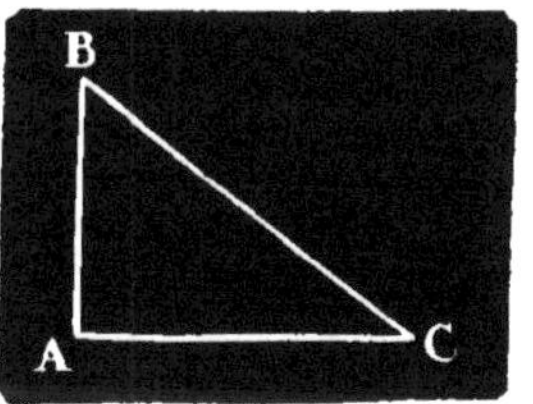

Fig. 78.

2° le triangle ÉQUILATÉRAL, qui a ses trois côtés égaux (fig. 73);

3° le triangle ISOSCÈLE, qui a deux côtés égaux (fig. 74).

Dans le triangle isoscèle, le côté inégal est ordinairement pris pour la base du triangle.

65. Propriétés du triangle isoscèle. — 1° *Les angles* A *et* C (fig. 79) *formés sur la base par les côtés égaux sont égaux.*

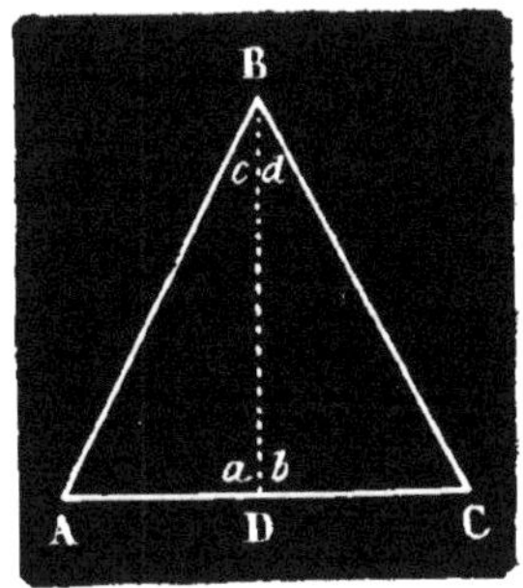

Fig. 79.

2° *La perpendiculaire* BD *abaissée du sommet* B *sur la base aboutit au milieu de la base et divise l'angle au sommet* ABC *en deux angles égaux* c *et* d.

Elle est un axe de symétrie.

Propriétés du triangle équilatéral. — 1° *Dans le triangle équilatéral, les trois angles sont égaux.*

2° *Les trois hauteurs sont égales, tombent au milieu du côté et sont en même temps bissectrices des angles du triangle.*

Le point où elles se coupent divise chacune, BD *par exemple* (fig. 80), *en deux parties telles que la plus petite* OD *est la moitié de la plus grande et par conséquent le tiers de la hauteur entière*[1]. *Les trois perpendiculaires* OD, OF, OG *sont donc égales; ainsi le point* O *est également distant des trois côtés, et en même temps des trois sommets.*

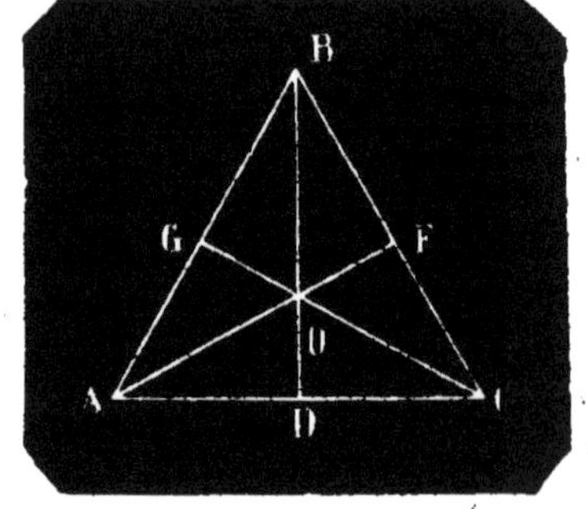

Fig. 80.

66. Somme des angles d'un triangle. — *Dans tout triangle, la somme des trois angles est égale à deux angles droits.*

Pour démontrer ce théorème, on prolonge le côté AB du triangle ABC (fig. 81), et on mène du sommet B la droite BD parallèle au côté AC.

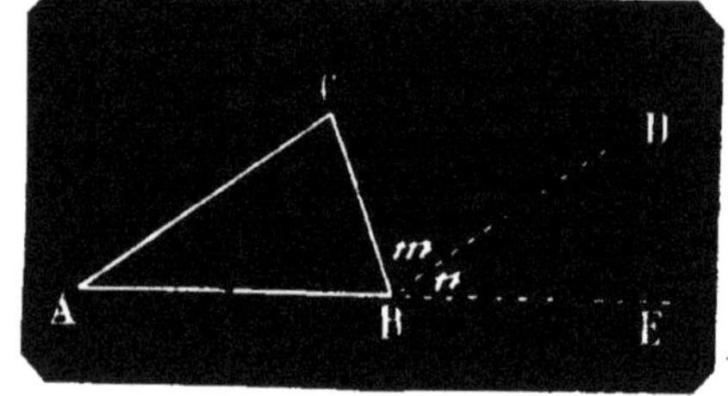

Fig. 81.

A cause du parallélisme de ces deux droites, les angles correspondants A et *n* sont égaux ; de même les angles alternes-internes C et *m* sont égaux. Or la somme des trois angles ABC, *m*, *n* vaut deux angles droits; donc la somme des trois angles du triangle, qui est égale à cette somme, vaut aussi deux angles droits.

Remarques. — De ce théorème découlent les conséquences suivantes.

1° Parmi les angles d'un triangle, un seul peut être droit ou obtus.

2° Dans un triangle équilatéral, chaque angle vaut deux tiers d'angle droit ou 60°.

3° Pour connaître un angle d'un triangle, quand on

1. Voir la démonstration au *Chapitre supplémentaire.*

connaît les deux autres, il faut retrancher de deux angles droits la somme des deux angles donnés.

67. Construction d'un triangle. — Un triangle est composé de six éléments, trois angles et trois côtés. Pour le construire, il suffit d'en connaître trois, dont un au moins doit être un côté : de là trois cas dans la construction d'un triangle.

PREMIER CAS. — *On donne les trois côtés m, n, p* (fig. 82). Sur une droite, on prend AC = *m*. Du point A comme centre avec un rayon égal à *n*, on décrit un arc; du point C avec un rayon égal à *p*, on décrit un autre arc qui coupe le premier. On joint le point d'intersection B aux deux points A et C; on a ainsi ABC pour le triangle demandé.

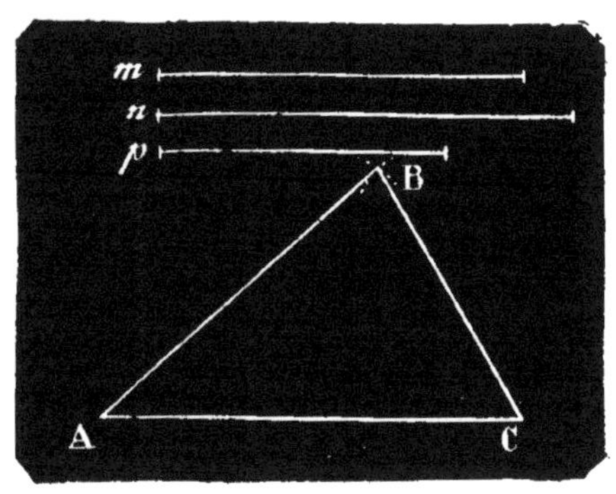

Fig. 82.

REMARQUES. — 1° Chaque côté doit être plus petit que la somme des deux autres; autrement les deux arcs ne se couperaient pas.

2° *Deux triangles qui ont leurs trois côtés respectivement égaux sont égaux.*

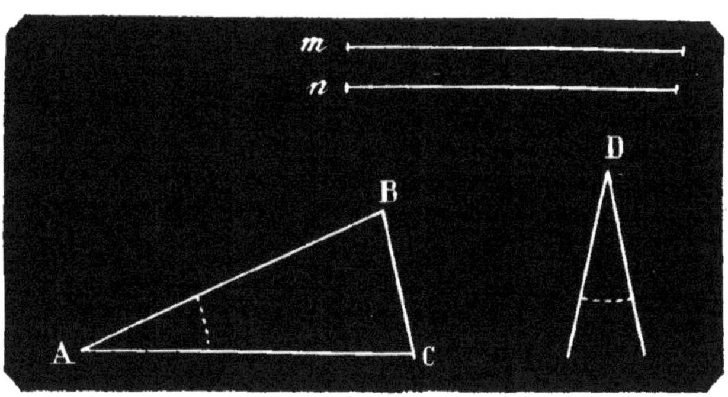

Fig. 83.

DEUXIÈME CAS. — *On donne deux côtés* m, n *et l'angle* D *qu'ils doivent faire entre eux* (fig. 83).

On forme un angle A égal à l'angle D ; on prend sur un côté une longueur $AC=m$, et sur l'autre une longueur $AB=n$, et on joint B à C. Le triangle ABC est le triangle demandé.

Remarque. — *Deux triangles qui ont un angle égal compris entre deux côtés respectivement égaux sont égaux* [1].

Troisième cas. — *On donne un côté* m *et les deux angles* u *et* v *qui doivent être adjacents à ce côté* (fig. 84).

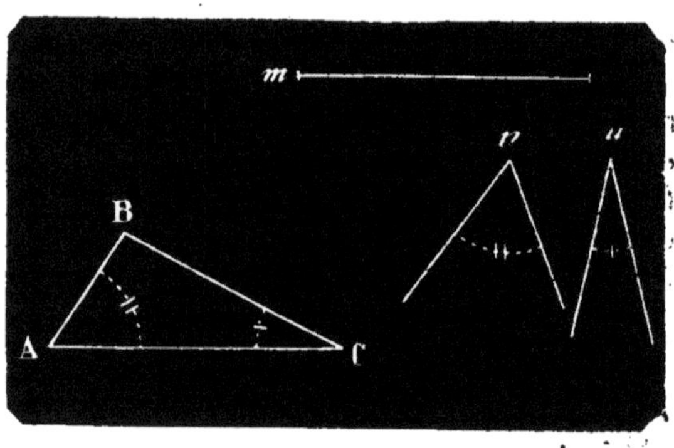

Fig. 84.

Sur une droite $AC=m$, on construit à l'extrémité A un angle égal à u et à l'extrémité C un angle égal à v. Les deux droites ainsi menées de A et de C se coupent en B et forment le triangle ABC, qui est le triangle demandé.

Remarque. — *Deux triangles qui ont un côté égal adjacent à deux angles respectivement égaux sont égaux.*

Observation. — Si on connaît seulement les angles d'un triangle, on peut construire une infinité de triangles ayant leurs angles égaux aux angles donnés.

En effet, après avoir construit un triangle, il suffit de mener trois droites parallèles à ses trois côtés ; les angles du triangle qu'elles forment en se coupant sont égaux à ceux du premier, puisque leurs côtés sont parallèles.

68. Construction d'un triangle rectangle. — Le cas où l'on connaît les deux côtés de l'angle droit, ne diffère en rien du deuxième cas du triangle quelconque. Nous n'avons qu'à indiquer la construction dans deux autres cas seulement.

1° *On donne l'hypoténuse* m *et un côté* n *de l'angle droit* (fig. 85).

Sur la droite BC égale à m et prise pour diamètre, on

1. Voir à la fin, au *Chapitre complémentaire*, la construction d'un triangle avec deux côtés et l'angle opposé à l'un de ces côtés.

décrit une demi-circonférence; on y porte à partir de l'extrémité B du diamètre une corde BA égale à n, et on joint le point A au point C. Le triangle ABC est le triangle demandé.

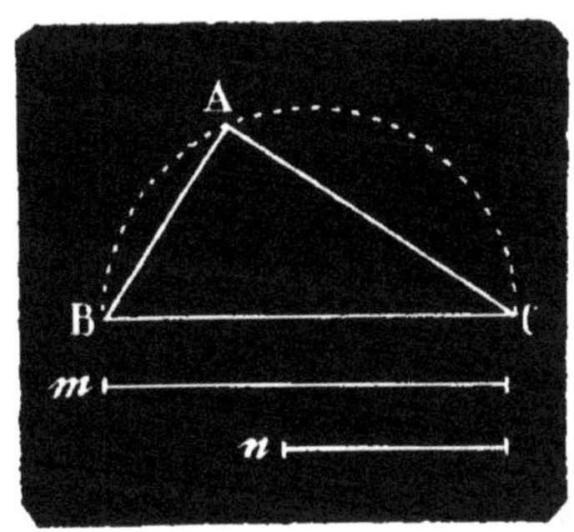

Fig. 85.

2° *On donne l'hypoténuse et un angle aigu* B.

Après avoir décrit la demi-circonférence sur BC, qui est égale à l'hypoténuse, on fait au point B l'angle CBA égal à l'angle donné, et on tire la droite AC.

69. Parallélogramme. — *On appelle* PARALLÉLOGRAMME *un quadrilatère dont les côtés opposés sont parallèles* (fig. 86).

Fig. 86.

Les côtés opposés sont égaux ainsi que les angles opposés.

On donne fréquemment cette forme aux planchettes employées dans la construction des parquets (fig. 87).

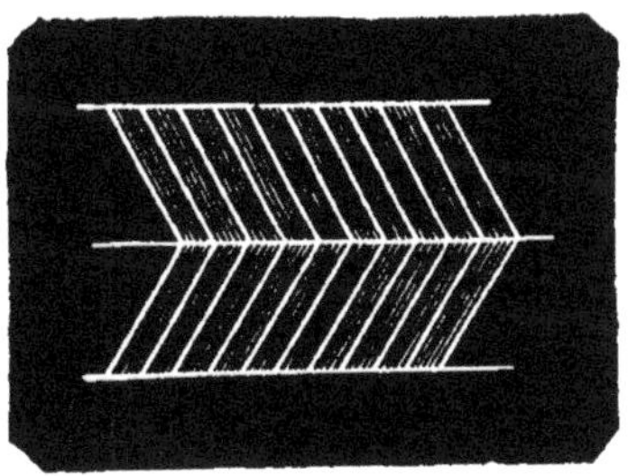
Fig. 87.

On considère comme *bases* du parallélogramme deux côtés opposés, les plus grands ou les plus petits à volonté. La perpendiculaire menée entre eux est la *hauteur* du parallélogramme.

Parmi les parallélogrammes, il faut distinguer le CARRÉ, le RECTANGLE et le LOSANGE.

Carré. — Le carré est formé par quatre côtés égaux et perpendiculaires entre eux (fig. 88).

Fig. 88.

Rectangle. — Le rectangle est formé par quatre côtés égaux, deux à deux seulement et perpendiculaires entre eux (fig. 89).

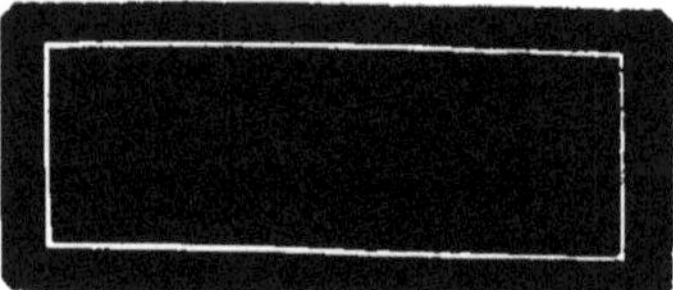

Fig. 89.

Losange. — Le losange est formé par quatre côtés égaux, mais non perpendiculaires entre eux (fig. 90).

Le carré et le rectangle se montrent partout; on voit le losange assez souvent sur les panneaux d'une porte, d'une boiserie.

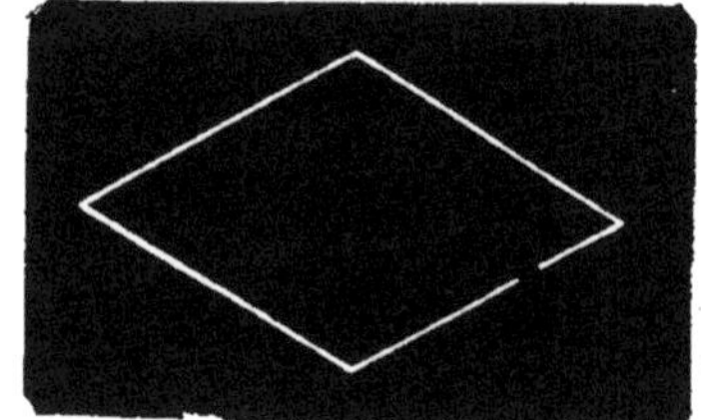

Fig. 90.

70. **Propriétés des diagonales du parallélogramme.** — 1° *La diagonale d'un parallélogramme le divise en deux triangles égaux* (fig. 91).

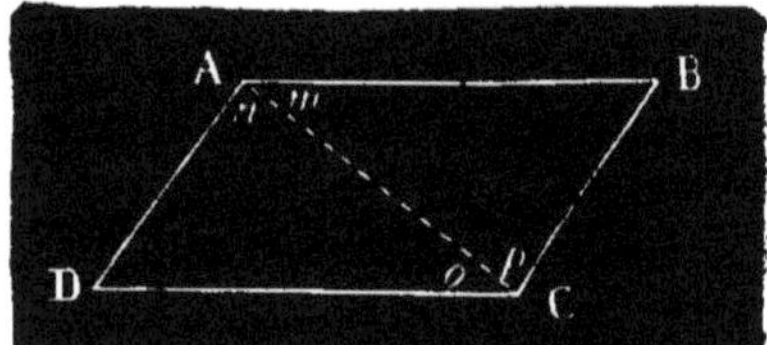

Fig. 91.

2° *Les deux diagonales se coupent en leur milieu* (fig. 92).

REMARQUE. — Dans le carré, les diagonales sont égales et perpendiculaires entre elles.

Dans le rectangle, elles sont égales, mais non perpendiculaires (fig. 93).

Dans le losange, elles sont perpendiculaires entre elles, mais inégales (fig. 94).

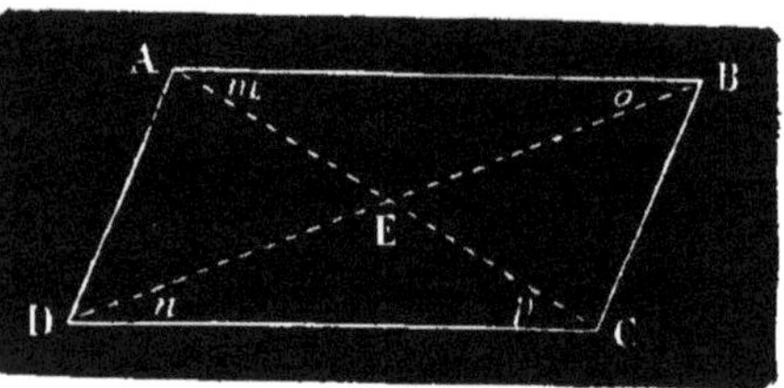

Fig. 92.

71. **Construction du parallélogramme.** — La construction de ces quadrilatères est facile; nous indiquerons seulement celle d'un parallélogramme quelconque.

On donne les deux côtés

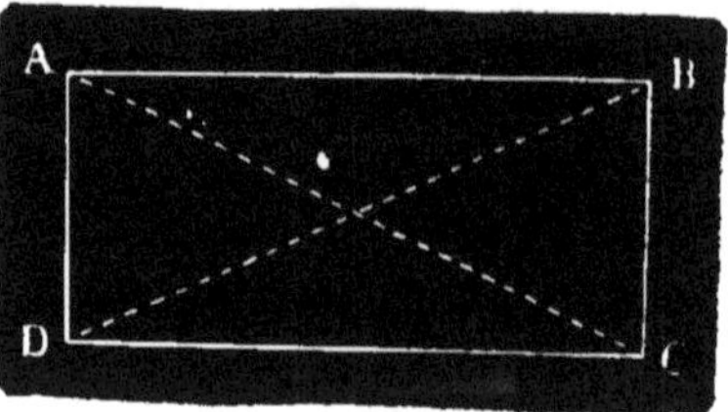

Fig. 93.

et l'angle aigu qu'ils doivent former ensemble. — Ayant fait un angle A égal à l'angle donné (fig. 95), on prend AB égal à l'un des deux côtés et AC égal à l'autre. Puis de B comme centre, avec un rayon égal à AC, on décrit un arc; de C comme centre, avec un rayon égal à AB on décrit un deuxième arc, qui coupe le premier en D. On joint D au point C et au point B, et on a ABDC pour le parallélogramme demandé.

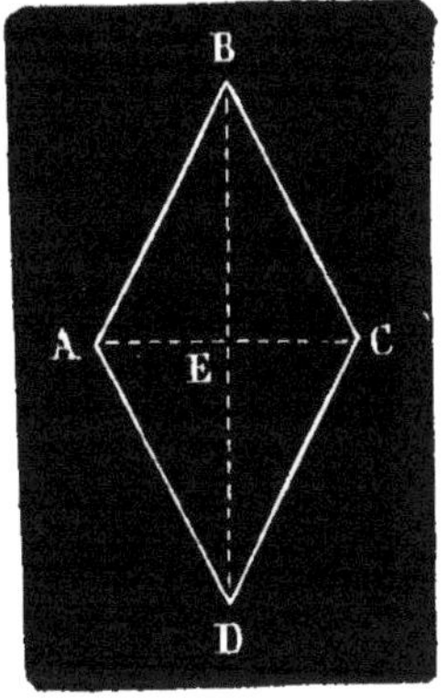

Fig. 94.

72. Trapèze [1]. — *On nomme* TRAPÈZE *un quadrilatère dans lequel deux côtés seulement sont parallèles* (fig. 96).

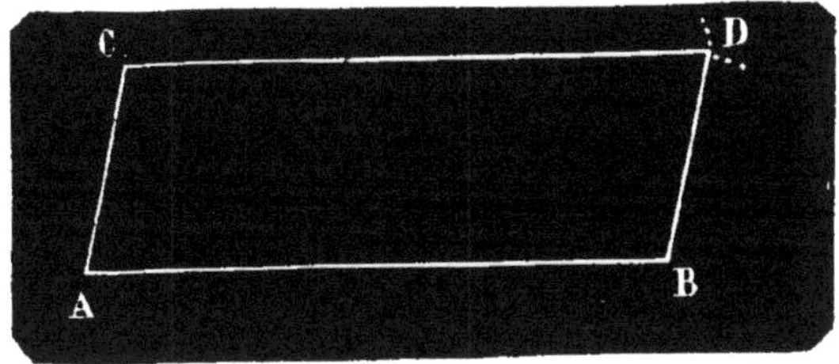

Fig. 95.

Les côtés parallèles AB et CD sont les *bases* du trapèze; la perpendiculaire DH menée entre elles est la *hauteur*.

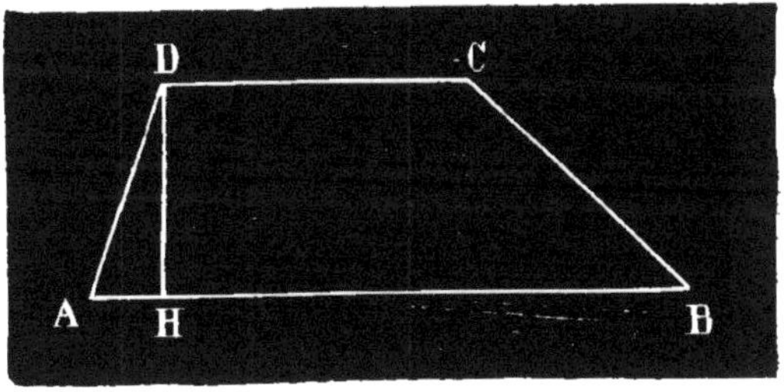

Fig. 96.

Le quadrilatère DHBC est aussi un trapèze; mais comme le côté DH est perpendiculaire aux bases, on le nomme *trapèze rectangle*.

Trapèze symétrique. — Le trapèze qu'on rencontre le plus souvent est celui dont les deux côtés non parallèles sont égaux, par exemple ABCD (fig. 97).

On peut le regarder comme une portion d'un triangle

1. *Trapèze* est un mot grec qui signifie table à quatre pieds.

isoscèle ABF, qui a été coupé par une droite DC parallèle à la base.

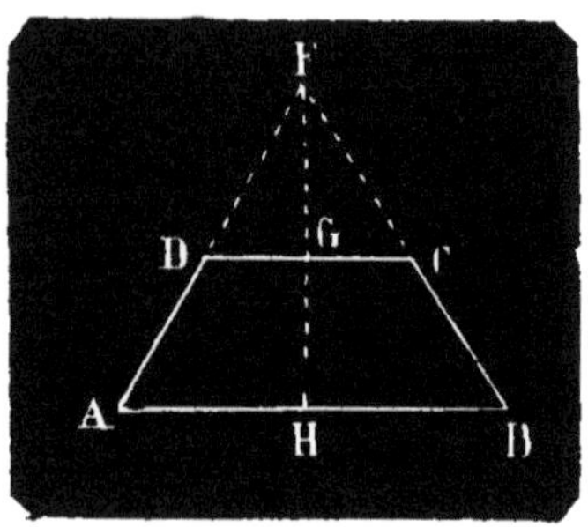

Fig. 97.

Dans ce trapèze, la droite GH qui joint les milieux des deux bases est un axe de symétrie.

73. Somme des angles d'un polygone. — *La somme des angles d'un polygone est égale à autant de fois deux angles droits qu'il y a de côtés moins deux.*

En effet, si dans l'hexagone ABCDEF (fig. 98) on mène du sommet A toutes les diagonales, on le décompose en quatre triangles, c'est-à-dire autant de triangles qu'il y a de côtés moins deux. Or la somme des angles de chaque triangle est égale à deux angles droits; la somme des angles du polygone, n'étant autre chose que celle des angles des quatre triangles, vaut quatre fois deux angles droits, ce qui démontre le théorème.

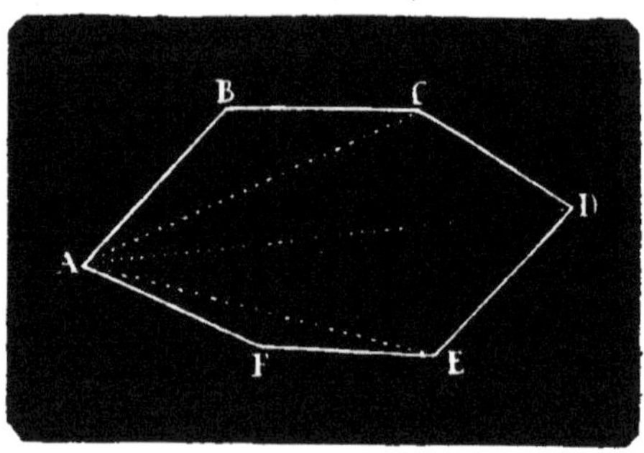

Fig. 98.

CHAPITRE IX

POLYGONES RÉGULIERS.

74. Définition du polygone régulier. — Si l'on divise une circonférence en un certain nombre de parties égales, en cinq par exemple (fig. 99), et qu'on mène les cordes des cinq arcs, on obtient un polygone ABCDE, dont tous les côtés sont égaux ainsi que les angles.

En effet, ces cordes sous-tendent des arcs égaux; les angles sont des angles inscrits qui interceptent entre leurs côtés des portions égales de circonférence.

Un polygone qui a tous ses côtés égaux et tous ses angles égaux est appelé POLYGONE RÉGULIER.

D'après cela, pour construire un polygone régulier, quand la longueur du côté n'est pas déterminée, il suffit de décrire une circonférence d'un rayon quelconque, de la diviser en autant de parties égales que le polygone doit avoir de côtés et de tirer les cordes des arcs.

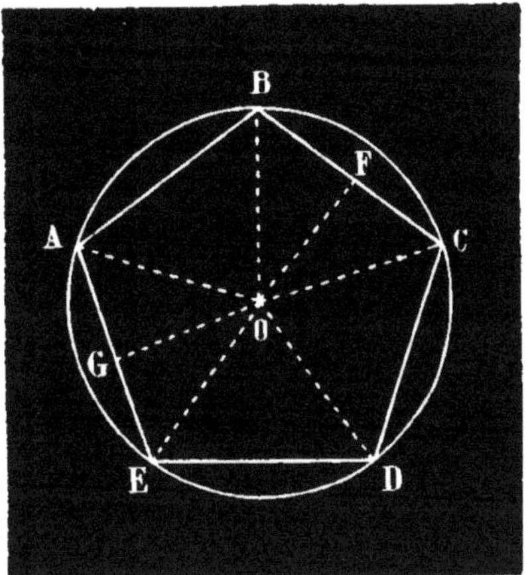

Fig. 99.

Centre. — Le centre de la circonférence est également distant de tous les sommets du polygone et de tous les côtés; c'est aussi le CENTRE du polygone régulier.

Pour trouver le centre d'un polygone régulier, on mène par les milieux F et G de deux côtés deux perpendiculaires qui se coupent; leur point d'intersection est le centre du polygone.

Apothème. — Les droites menées du centre à tous les sommets divisent le polygone en triangles isoscèles égaux. Les hauteurs de ces triangles, telles que OF, OG..., sont égales : on les nomme APOTHÈMES [1].

Angle au centre. — Les angles égaux formés au centre par deux rayons qui aboutissent aux extrémités d'un même côté sont appelés ANGLES AU CENTRE. Chacun est égal à quatre angles droits divisés par le nombre des côtés.

75. Angle du polygone régulier. — L'angle d'un polygone régulier est d'autant plus grand que le nombre des côtés est plus considérable.

Pour trouver sa valeur, on calcule d'abord la somme de tous les angles; puis on la divise par le nombre des angles, c'est-à-dire par le nombre des côtés.

On trouve dans le tableau suivant la valeur de l'angle pour les polygones réguliers les plus importants.

1. *Apothème* est un nom emprunté au grec; il est masculin.

NOMS DES POLYGONES.	SOMME DES ANGLES.	VALEUR DE L'ANGLE.	
Triangle équilatéral.	2 dr.	$\frac{2}{3}$ dr.	60°
Carré.	4	1	90°
Pentagone.	6	$\frac{6}{5}$	108°
Hexagone	8	$\frac{4}{3}$	120°
Octogone.	12	$1\frac{1}{2}$	135°
Décagone.	16	$\frac{16}{10}$	144°
Dodécagone	20	$\frac{5}{3}$	150°

76. Cercle inscrit et cercle circonscrit. — La circonférence qui a pour centre le centre du polygone régulier et qui passe par tous ses sommets (fig. 99) est dite CIRCONSCRITE au polygone.

Celle qui est décrite du même centre avec l'apothème pour rayon touche tous les côtés en leur milieu (fig. 104); cette circonférence est dite INSCRITE au polygone.

Au lieu de circonférence inscrite ou circonscrite, on dit souvent CERCLE INSCRIT OU CIRCONSCRIT.

Réciproquement, le polygone régulier est inscrit dans le plus grand cercle et circonscrit au plus petit.

Inscrire un polygone régulier dans un cercle. — *On partage la circonférence en autant de parties égales que le polygone doit avoir de côtés et on trace les cordes des arcs ainsi obtenus.*

77. Division de la circonférence en parties égales. — 1° *Division en* 4, 8, 16, 32 *parties égales.* — Pour diviser une circonférence en 4 parties égales, il suffit d'y tracer deux diamètres perpendiculaires entre eux (fig. 100).

En divisant ensuite chacun des quatre arcs en deux parties égales, puis ceux-ci en deux, etc., on aura divisé la circonférence en 8, 16, 32 parties égales, etc.

2° *Division en* 3, 6, 12, 24... *parties égales.* — Pour avoir la sixième partie de la circonférence, il suffit d'y porter une ouverture de compas égale au rayon.

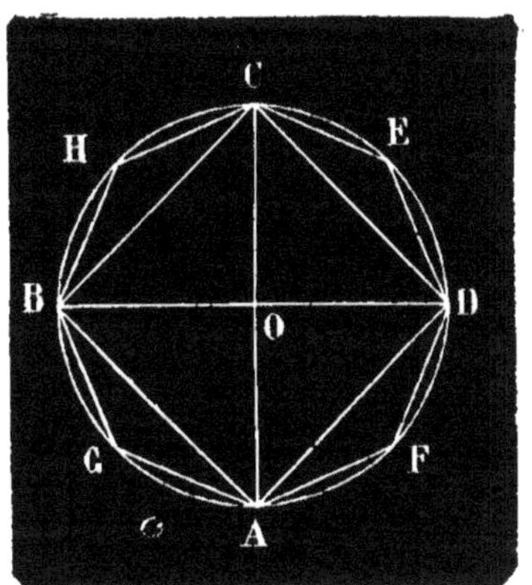

Fig. 100.

En effet, supposons que l'hexagone inscrit ABCDFG (fig. 101) soit régulier. Tirons les rayons OA, OB, etc. Dans le triangle ABO, l'angle au centre AOB est égal à $\frac{4}{6}$ ou $\frac{2}{3}$ d'angle droit, c'est-à-dire 60°. Les deux autres angles OAB, OBA valent ensemble 180° — 60° ou 120°, et comme ils sont égaux, chacun vaut la moitié de 120°, c'est-à-dire 60°. Ainsi les trois angles du triangle AOB sont égaux; par suite les trois côtés sont égaux, ce qui montre que le côté AB est égal au rayon.

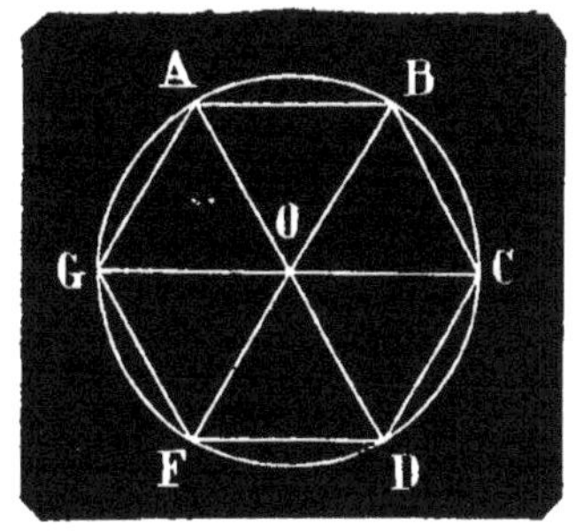

Fig. 101.

La circonférence, étant divisée ainsi en 6 parties égales, se trouve par là même divisée en 3 parties égales.

En divisant ensuite chacun des six arcs en deux arcs égaux, puis ceux-ci encore en deux, etc., on aurait la circonférence divisée en 12, 24... parties égales.

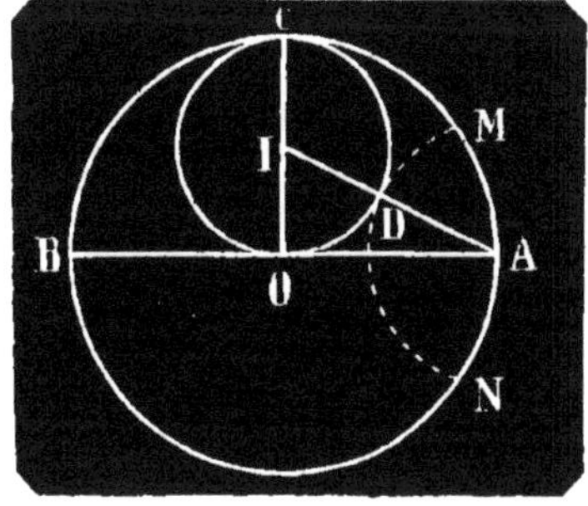

Fig. 102.

3° *Division en* 5 et 10 *parties égales.* — Ayant mené un rayon OC (fig. 102) perpendiculaire au diamètre AB, on joint le milieu I de ce rayon au point A, ce qui forme le triangle rectangle AOI. On coupe l'hypoténuse par un arc décrit du point I comme centre avec IO pour rayon, et la portion AD de l'hypoténuse est égale à la corde qui sous-tend la dixième partie de la circonférence.

Il n'y a plus qu'à la rabattre en AM et AN et à la porter ensuite successivement à partir de ces points sur la circonférence. L'arc AM et l'arc AN sont la dixième partie de la circonférence; l'arc MN en est la cinquième partie[1].

En divisant chacun des dix arcs en deux, puis ceux-ci encore en deux, on aurait la circonférence divisée en 20 et 40 parties égales.

4° *Division en un nombre quelconque de parties égales.* — Pour diviser la circonférence en 7 parties égales, par exemple, on opère par tâtonnement. Pour la diviser en 9, on commence à la diviser en 3, en portant six fois le rayon sur la circonférence; puis on partage par le tâtonnement chacun des trois arcs en 3 parties égales.

78. Circonscrire au cercle un polygone régulier. — 1° On partage d'abord la circonférence en autant de parties égales que le polygone doit avoir de côtés, six par exemple; puis on mène par tous les points de division des tangentes (fig. 103). En se coupant deux à deux, elles forment le polygone régulier circonscrit ABCDFG.

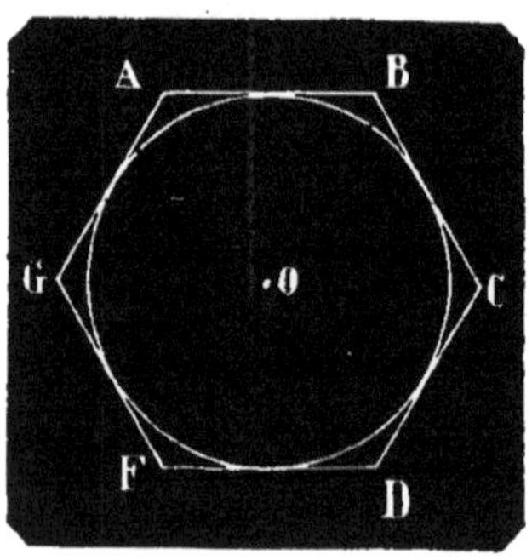

Fig. 103.

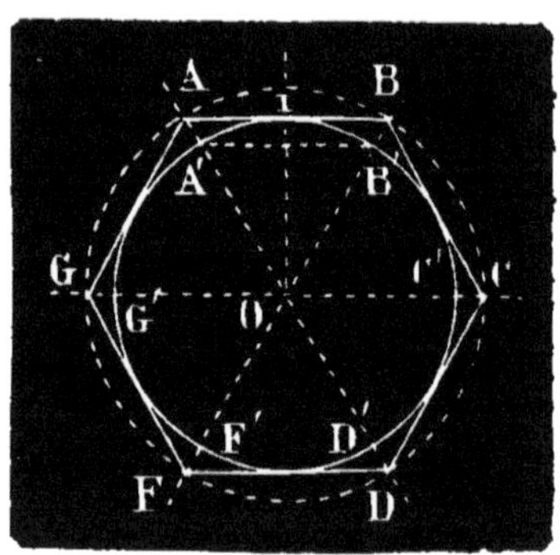

Fig. 104.

2° Voici un autre procédé un peu plus commode (fig. 104).

Après avoir divisé la circonférence en six parties égales, on mène la corde A'B'; du centre on abaisse le rayon

1. Nous nous bornons à indiquer la construction; la démonstration ne peut être exposée ici.

OI perpendiculaire à cette corde, et par le point I on mène une perpendiculaire à ce rayon, terminée aux points A et B, où elle rencontre les prolongements des rayons OA′ et OB′. Cette droite AB qui est tangente à la circonférence est le côté du polygone cherché.

Pour le terminer, on décrit du centre O une autre circonférence avec un rayon égal à OA. En prolongeant les rayons OC′, OD′, etc., de la première, on divise l'autre en six parties égales; il n'y a plus qu'à mener les cordes des arcs BC, CD, etc. Toutes ces cordes égales doivent être tangentes à la première circonférence; elles forment le polygone circonscrit ABCDFG.

79. Construction d'un polygone régulier dont le côté est donné. — 1° La construction du triangle équilatéral et du carré n'a pas besoin d'explication.

Pour l'hexagone régulier, on décrit une circonférence d'un rayon égal au côté donné; on y porte successivement six fois le rayon, ce qui la divise en six parties égales, et on tire les cordes des six arcs.

2° S'il s'agit d'un autre polygone régulier, on ne peut pas opérer comme pour l'hexagone; car on ne connaît pas le rayon de la circonférence à décrire.

Voici deux procédés à suivre.

1° Soit à construire par exemple un pentagone régulier dont les côtés auront 18 millimètres. On tire une droite AB de 18 millimètres (fig. 99); à ses deux extrémités, on fait des angles ABC et BAF de 108 degrés, en donnant une longueur de 18 millimètres aux côtés BC et AF, et on continue de la même manière. Mais comme les résultats ne sont pas bien exacts, à cause des petites dimensions du rapporteur, on peut employer le procédé suivant.

2° On décrit avec un rayon quelconque une circonférence et on la divise en cinq parties égales (fig. 105); soit AK une de ces parties.

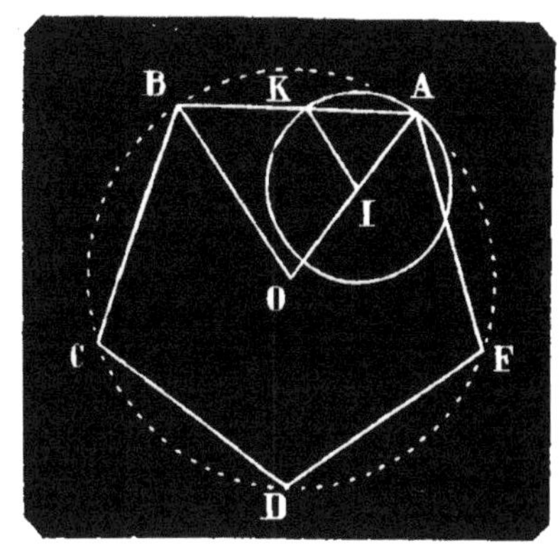

Fig. 105.

On mène les rayons IK et IA et la corde AK prolongée; sur la droite AK, on porte une longueur AB égale à 18^{mm}, et du point B on tire une droite parallèle à KI, jusqu'à la rencontre du prolongement du rayon AI en O. De ce point O comme centre, avec OA pour rayon, on décrit une circonférence; l'arc AB en est la cinquième partie [1].

On porte cinq fois cet arc au moyen du compas sur la circonférence, ce qui la divise aux points A, B, C, D, F, en cinq parties égales; il ne reste plus qu'à tirer les cordes de ces arcs pour avoir le pentagone demandé.

80. De l'emploi des polygones réguliers. — On fait un grand usage de quelques polygones réguliers, dans le dallage de certaines pièces d'un édifice, dans le parquetage des appartements, par exemple.

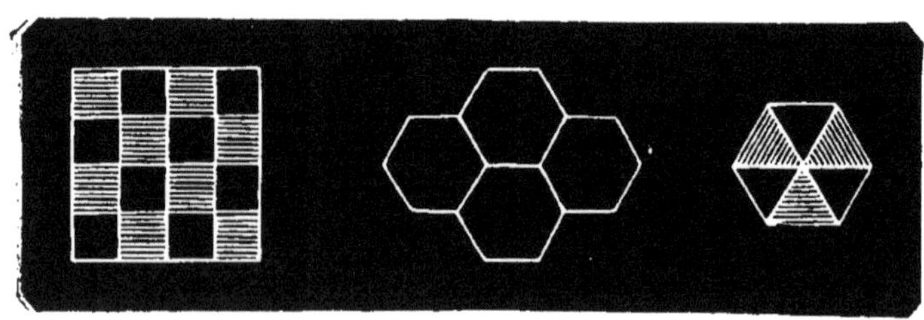

Fig. 106. Fig. 107. Fig. 108.

Les carrés peuvent être assemblés au nombre de quatre autour d'un point (fig. 106); les hexagones réguliers au nombre de trois (fig. 107), puisque l'angle de cet hexagone vaut 120°, ou le tiers de l'espace qui s'étend tout autour d'un point.

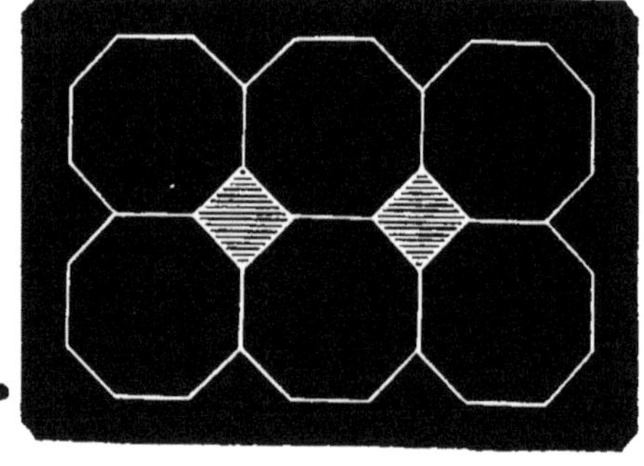

Fig. 109.

Six triangles équilatéraux assemblés autour d'un point forment un hexagone régulier (fig. 108).

1. La démonstration est facile; c'est un exercice à proposer aux élèves. On trouvera à la fin, au *Chapitre supplémentaire*, une construction particulière pour l'octogone et le dodécagone.

Ce sont là les seuls polygones réguliers qu'on puisse employer seuls. Quatre octogones réguliers placés deux à deux en contact laissent entre eux un vide qui est un carré (fig. 109). Trois dodécagones réguliers enfermeraient entre eux un espace vide qui serait rempli par un triangle équilatéral.

On pourrait faire d'autres combinaisons; mais nous nous ne nous y arrêterons pas davantage.

81. Polygones réguliers étoilés. — Soit une circonférence (fig. 110) divisée en cinq parties égales. Si on joint les points de division de deux en deux par des cordes, c'est-à-dire de A à 2, de 2 à 4, de 4 à 1, etc., on revient au point de départ A, après avoir tiré cinq cordes; car on a pris cinq fois deux cinquièmes de la circonférence, c'est-à-dire qu'on a fait deux fois le tour de la circonférence.

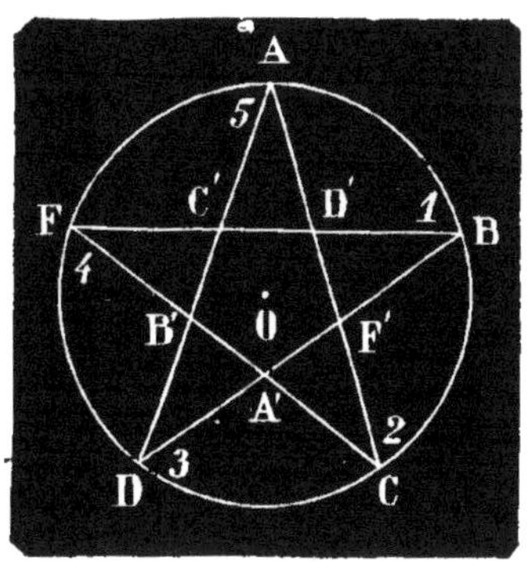

Fig. 110.

On obtient ainsi un pentagone dont les côtés AC, CF, etc., s'entre-croisent et qui a tous ses côtés et tous ses angles égaux.

En raison de sa forme, on l'appelle polygone régulier *étoilé*.

Il est bon de remarquer que les côtés du pentagone étoilé forment en se coupant un pentagone régulier ordinaire A'B'C'D'F'.

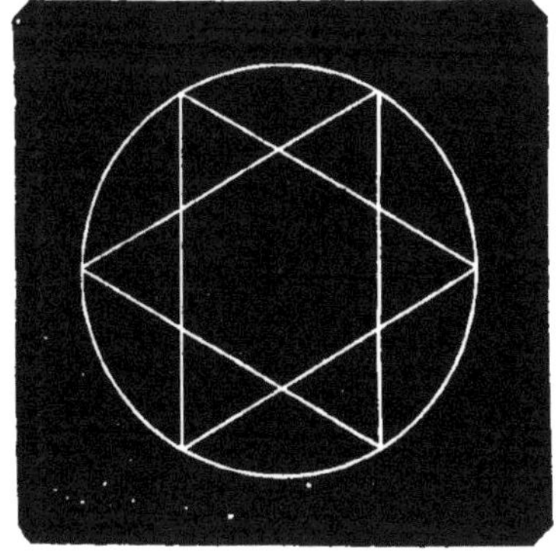
Fig. 111

Remarques. — 1° Dans une circonférence divisée en six parties égales, on ne pourrait pas former un hexagone étoilé en joignant les points de division de deux en deux; on n'aurait qu'un triangle équilatéral.

Le seul hexagone étoilé qu'on puisse avoir se compose de deux triangles équilatéraux (fig. 111), dont l'un a ses sommets au milieu des arcs sous-tendus par les côtés de l'autre.

2° Avec la division de la circonférence en huit parties égales, on peut construire un octogone étoilé, en joignant les points de division de trois en trois.

Dans une circonférence divisée en dix parties égales, on formera un décagone étoilé, en prenant trois arcs à la fois.

Fig. 112.

Fig. 113.

82. Rosaces. — Comme figures intéressantes à connaître et dépendant de la division de la circonférence en parties égales, nous citerons les rosaces (fig. 112; fig. 113) et la ROSE DES VENTS (fig. 114).

Leur construction est suffisamment indiquée par la figure même.

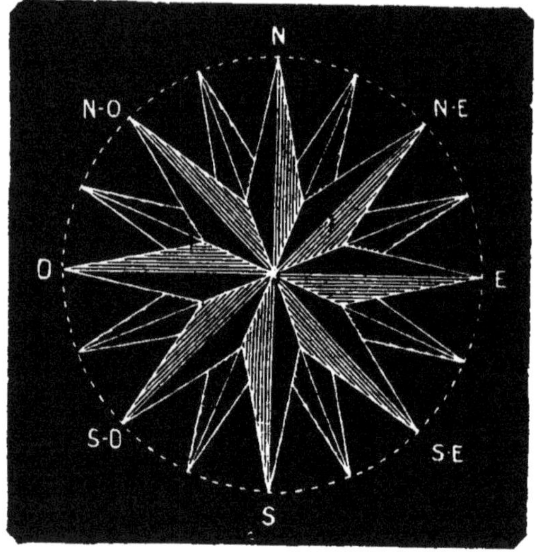

Fig. 114.

CHAPITRE X

RAPPORT DE LA CIRCONFÉRENCE AU DIAMÈTRE.

83. Analogie entre le cercle et le polygone régulier. — Si on inscrit dans un cercle une suite de polygones réguliers, dont le nombre des côtés va toujours en doublant, par exemple des polygones de 6, 12, 24... côtés (fig. 115), les périmètres vont en augmentant et diffèrent de moins en moins de la circonférence. *On peut donc regarder le cercle comme un polygone régulier ayant une infinité de côtés infiniment petits.*

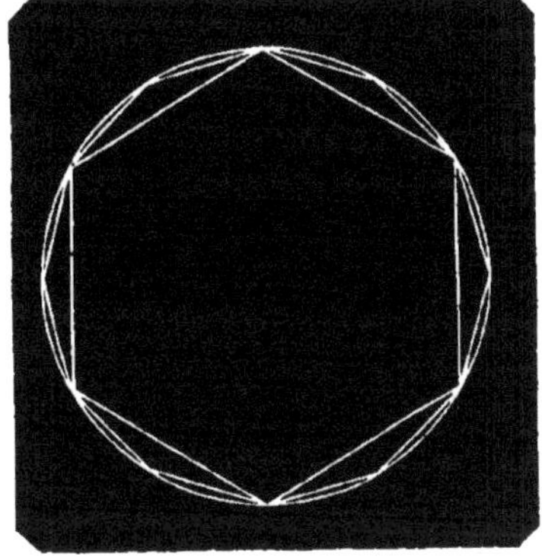
Fig. 115.

84. Rapport entre la circonférence et son diamètre. — Considérons un hexagone régulier inscrit dans un cercle (fig. 115); son périmètre est égal à six fois le rayon. Or, l'arc étant plus grand que la corde, la longueur de la circonférence est plus grande que ce périmètre; elle surpasse donc six fois la longueur du rayon ou le triple du diamètre.

Pour expliquer comment on a pu trouver une valeur plus approchée de ce rapport, imaginons que sur un papier fort et bien tendu on décrive une circonférence avec un rayon de 1 décimètre et qu'on y inscrive des polygones réguliers de 6, 12, 24, 48 et même 96 côtés. On pourra, en prenant toutes les précautions possibles, mesurer la longueur du côté de chacun de ces polygones jusqu'au demi-millimètre; multipliant ensuite cette longueur par le nombre des côtés, on aura le périmètre.

Les résultats sont indiqués dans le tableau suivant.

NOMBRE DES CÔTÉS.	LONGUEUR DES CÔTÉS.	PÉRIMÈTRES.
6	1	6
12	0,515	6,18
24	0,260	6,24
48	0,130	6,24
96	0,065	6,24

Comme on trouve le même nombre pour les périmètres des trois derniers polygones, quoique chacun soit un peu plus grand que le précédent, on voit que la différence qui existe entre eux est moindre que la 100e partie d'un décimètre, c'est-à-dire moindre qu'un millimètre. Il en sera à plus forte raison pour les polygones suivants; par conséquent la longueur de la circonférence sera aussi exprimée par le même nombre jusqu'au millimètre. Elle serait donc égale à 6,24, quand le rayon est égal à 1 décimètre, ou le diamètre égal à 2 décimètres, si on pouvait compter sur l'exactitude du dernier chiffre; cela ne saurait être admis ici, à cause de l'erreur inévitable dans la mesure du côté et rendue plus grande par la multiplication. En divisant 6,24 par 2, on a 3,12 pour le rapport de la circonférence au diamètre. Mais en opérant à l'aide du calcul et non par des constructions géométriques, on trouve 3,14. Ce nombre ne varie pas, quel que soit le rayon.

Le rapport de la circonférence au diamètre ne peut pas être obtenu exactement; il est toujours représenté par la lettre grecque π [1]. Sa valeur avec 5 décimales est

$$\pi = 3{,}14159.$$

Dans les questions ordinaires, on peut se borner à 3,14 ou tout au plus à 3,1416.

Archimède avait trouvé $3\frac{1}{7}$. Ainsi la longueur de la circonférence contient le triple du diamètre, plus la septième partie de ce diamètre.

85. Mesure de la circonférence. — *Pour avoir la longueur de la circonférence, quand on connaît le diamètre, il faut multiplier le diamètre par le nombre* π.

Soit r le rayon; le diamètre sera $2r$. Si on désigne la circonférence par C, la règle précédente sera exprimée en abrégé par cette égalité,

$$C = 2r \times \pi,$$

ou, comme on l'écrit habituellement.

$$C = 2\pi r.$$

Cette expression est la *formule* de la circonférence.

1. Cette lettre est l'initiale du mot grec *periphereia*, qui signifie circonférence.

Réciproquement, *si l'on veut calculer le diamètre, quand on connaît la circonférence, il faut diviser la circonférence par le nombre* π.

Exemples. — 1° *Une table circulaire a un diamètre égal à* 1m,36. *On veut border d'une frange un tapis qui la recouvre; quelle longueur de frange faut-il acheter?*

La longueur de la circonférence de la table a

$$1^{m},36 \times 3,14 = 4^{m},2704,$$

c'est-à-dire 4m,27.

2° *Quelqu'un voulant connaître le diamètre d'un bassin circulaire plein d'eau, en a mesuré la circonférence et a trouvé* 14m,13; *quel est le diamètre?*

Ce diamètre est égal au quotient de la circonférence divisée par le nombre π. On trouve

$$\frac{14,13}{3,14} = \frac{1413}{314} = 4^{m},5.$$

Remarque. — Dans bien des cas où l'on n'a pas besoin d'une grande exactitude, on peut faire ces calculs mentalement, en observant que la longueur de la circonférence est à peu près le triple de celle du diamètre avec un 10e du diamètre en sus, et que le diamètre au contraire est à peu près le tiers de la circonférence.

86. Mesure d'un arc. — Pour connaître la longueur d'un arc d'un certain nombre de degrés, on calcule d'abord la *demi-circonférence*, en multipliant le rayon par π; on divise le produit par 180, ce qui donne la longueur d'un arc de 1 degré, et on multiplie le quotient par le nombre de degrés de l'arc.

Remarque. — Si l'arc contient des degrés et des minutes, il vaut mieux, au lieu de tout convertir en minutes, calculer la longueur de l'arc de 1 degré et celle de l'arc de 1 minute; multiplier la première par le nombre de degrés; la seconde par le nombre de minutes, et additionner les deux produits.

Exemples. — 1° *Calculer la longueur d'un arc de* 56° 37′, *pris sur une circonférence dont le diamètre a* 2m,48.

La longueur de la demi-circonférence est

$$1,24 \times 3,14 = 3^{m},8936.$$

Un arc de 180° a . . . . $3^m{,}8936$.

Un arc de 1° aura. . . . . $\frac{3{,}8936}{180} = 0^m{,}02163$.

Un arc de 1′ aura . . . . $\frac{0{,}02163}{60} = 0^m{,}00036$.

L'arc de 56° a. . . . . $0^m{,}02163 \times 56 = 1^m{,}21128$

L'arc de 37′ a . . . . . . $0^m{,}00036 \times 37 = 0^m{,}01332$

L'arc de 56° 37′ aura donc. . . . . $1^m{,}22460$

2° *Quel est le rayon d'un cercle dans lequel un arc de 32° 18′ a une longueur égale à 62 centimètres?*

Prenons le centimètre pour unité de longueur et la minute pour l'unité fractionnaire de la circonférence.

On a d'abord

$$32^\circ\, 18' = 60' \times 32 + 18' = 1920' + 18' = 1938'.$$
$$180^\circ = 60' \times 180 = 10\,800'.$$

Un arc de 1 938′ a une longueur de. . . . . 62^{cm}

Un arc de 1′ aurait . . . . $\frac{62^{cm}}{1938}$

La demi-circonférence aura $\frac{62 \times 10800}{1938} = 345^{cm}{,}51$

Le rayon sera le quotient de la demi-circonférence divisée par π, c'est-à-dire

$$\frac{345{,}51}{3{,}14} = \frac{34551}{314} = 110^{cm}$$

ou 1 mètre 10 centimètres.

CHAPITRE XI

MESURE DES SURFACES.

87. Unités de surface. — Mesurer une surface, c'est chercher combien de fois elle contient une surface prise pour unité [1].

L'unité principale de surface est le MÈTRE CARRÉ, c'est-à dire un carré dont les côtés ont un mètre.

Les unités plus petites sont le DÉCIMÈTRE CARRÉ, le CEN-

1. L'étendue d'une surface est aussi appelée *aire*. On dit *mesure des aires* aussi bien que mesure des surfaces.

TIMÈTRE CARRÉ et le MILLIMÈTRE CARRÉ; ce sont des carrés dont les côtés ont 1 *décimètre*, 1 *centimètre*, 1 *millimètre*.

Le mètre carré contient 100 *décimètres carrés; le décimètre carré contient* 100 *centimètres carrés; le centimètre carré contient* 100 *millimètres carrés.*

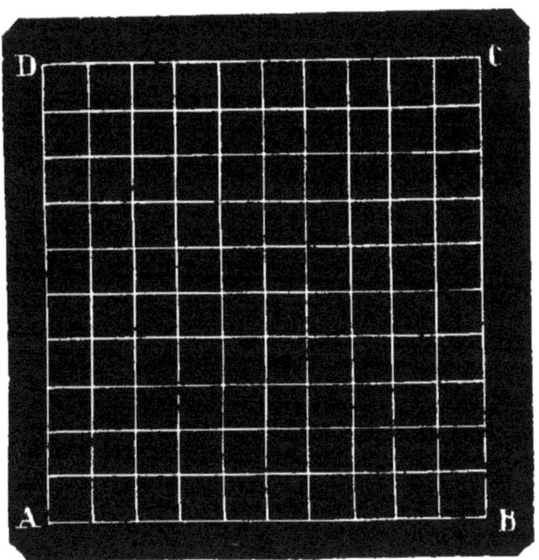

Fig. 116.

En effet, supposons (fig. 116) que les côtés du carré ABCD aient 1 mètre. Si on les divise en 10 parties égales et qu'on joigne par des droites les points de division correspondants des côtés opposés, le mètre carré se trouve décomposé en 100 carrés, dont les côtés ont 1 décimètre; le mètre carré contient donc 100 décimètres carrés.

Ainsi le décimètre carré est la 100e partie du mètre carré. On verrait de la même manière que le centimètre carré est la 100e partie du décimètre carré, et par conséquent la dix-millième partie du mètre carré, etc.

88. Unités pour les surfaces agraires. — L'unité principale est l'ARE; l'unité plus grande est l'HECTARE; l'unité plus petite est le CENTIARE.

L'are est un carré de dix mètres de côté. La figure 116, considérée comme un are, montre qu'il contient 100 mètres carrés; donc le centiare n'est autre chose que le mètre carré. L'hectare est un hectomètre carré; car, si on suppose 100 mètres de longueur aux côtés du carré ABCD ou 10 décamètres, on voit qu'il contient 100 ares.

89. Mesure du rectangle et du carré. — Soit le rectangle ABCD (fig. 117). Supposons que sa base AD ait 7 mètres et sa hauteur AB 4 mètres. Si par les points de division de la base AD on lui élève des perpendiculaires, on décompose le rectangle en 7 rectangles égaux ayant 1 mètre de base et 4 mètres de hauteur. En menant ensuite par les points de division de la hauteur AB des droites qui lui soient perpendiculaires, on décompose chacun des 7 rectangles partiels en 4 mètres carrés ; le rectangle contient donc 7 fois 4 mètres carrés.

Fig. 117.

Donc, pour trouver la surface d'un rectangle, il suffit de multiplier entre eux les deux nombres qui représentent les longueurs des deux côtés. C'est ce qu'on exprime par le théorème suivant :

La surface du rectangle est égale au produit de sa base par sa hauteur.

La surface du carré se calcule comme celle du rectangle.

REMARQUE. — Quand les côtés sont exprimés en mètres, la surface est exprimée en mètres carrés ; si les côtés sont exprimés en décimètres, la surface est exprimée en décimètres carrés, etc.

EXEMPLE. — *Calculer la surface d'un plancher rectangulaire ayant une longueur de* 8^{m},42 *et une largeur de* 6^{m},3.

La surface du plancher est égale à

$$8,42 \times 6,3 = 53^{m.q},046.$$

Pour plus de clarté, il convient d'énoncer la fraction décimale, qui suit 53 mètres carrés, en décimètres carrés et centimètres carrés. *Pour cela, on sépare la fraction décimale en tranches de deux chiffres à partir de la virgule et, s'il ne reste qu'un chiffre à la dernière tranche, on la complète en écrivant un zéro à sa droite. La première tranche exprime les décimètres carrés, la deuxième les centimètres carrés ; la troisième les millimètres carrés.*

D'après cette règle, on dira pour la surface du plancher :

$$53^{m.q}\ 4^{dm.q}\ 60^{cm.q}\ [1].$$

1. Nous ne saurions trop recommander ici d'éviter la mauvaise habitude qu'ont introduite certains auteurs d'indiquer le mètre carré par m^2 et le mètre cube par m^3. Ce n'est pas pour un pareil emploi que les mathématiciens ont adopté les *exposants*. On peut désigner

90. Surface du parallélogramme. — Soit le parallélogramme ABCD (fig. 118). Élevons à l'extrémité D de la base la perpendiculaire DF. Si on découpe le triangle rectangle DCF pour le transporter à gauche, en appliquant l'hypoténuse CD sur le côté AB, le parallélogramme se trouve changé en un rectangle ADFE, qui lui est équivalent en surface, puisque le triangle enlevé d'un côté a été rétabli de l'autre. De plus, ce rectangle a la même base AD et la même hauteur DF que le parallélogramme.

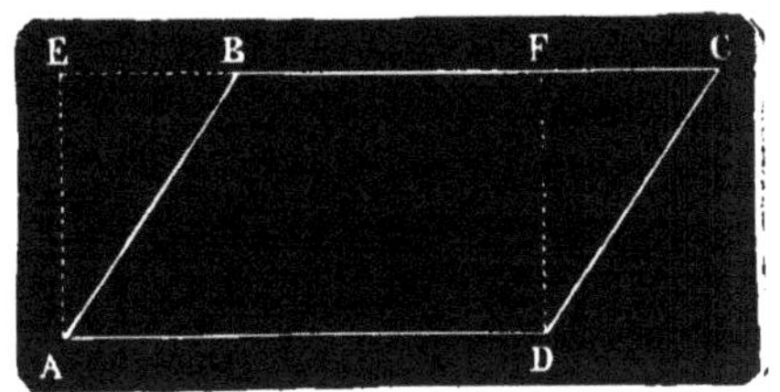

Fig. 118.

Or le produit de cette base par cette hauteur exprime la surface du rectangle ; il exprime donc aussi celle du parallélogramme. De là ce théorème :

La surface d'un parallélogramme est égale au produit de sa base par sa hauteur.

Exemple. — *On veut établir dans une chambre rectangulaire ayant* $8^{m},24$ *de longueur et* $6^{m},32$ *de largeur un parquet composé de planchettes en forme de parallélogramme, qui ont 56 centimètres de longueur et 12 de largeur. Quel est le nombre de ces planchettes à employer?*

En prenant le centimètre pour unité, on trouvera :

surface du parquet	$824 \times 632 = 520768^{cm.q}$
surface d'une planchette.	$56 \times 12 = 672^{cm.q}$
nombre des planchettes. . . .	$520768 : 672 = 775.$

91. Surface du triangle. — Soit AB la base du triangle ABC (fig. 119) et CD sa hauteur. Si on élève aux extrémités A et B de la base deux perpendiculaires, et que par le sommet C on mène une parallèle à cette base, on obtient un rectangle ABFG, ayant la même base et la même

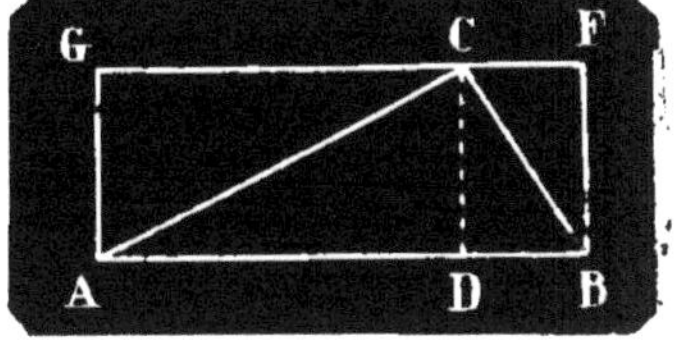

Fig. 119.

le mètre carré par *m.q.* pour le distinguer du mètre cube, qui sera désigné par *m.c.*

hauteur que le triangle ABC. De plus, comme les triangles rectangles ACD et ACG sont égaux, ainsi que les deux autres BCD et BCF, on voit que le triangle ABC est la moitié du rectangle ABFG. Or la surface du rectangle est égale au produit de sa base par sa hauteur ; la moitié de ce produit exprimera donc celle du triangle. De là ce théorème :

La surface d'un triangle est égale au demi-produit de sa base par sa hauteur [1].

Exemple. — *Quelle est la surface d'une pièce de terre triangulaire dont un côté a 126 mètres de longueur, la perpendiculaire menée du sommet opposé sur ce côté ayant 84 mètres?*

Cette surface est égale à

$$\frac{126 \times 84}{2} = 126 \times 42 = 5\,292^{\text{m.q}}$$

ce qui fait 52 ares 92 centiares.

92. Surface du losange. — Soit le losange ABCD (fig. 120), dont les bases sont AD et CB et la hauteur EF. Comme pour un parallélogramme quelconque, on pourrait trouver sa surface en multipliant AD par EF. Mais si l'on observe que les deux diagonales le divisent en quatre triangles rectangles égaux, et que la surface de l'un de ces triangles, ABO, par exemple, est égale au produit de BO par la moitié de AO, on voit que la surface totale des quatre triangles est égale au produit de BO par le quadruple de la moitié de AO, c'est-à-dire par la diagonale AC. De là ce théorème :

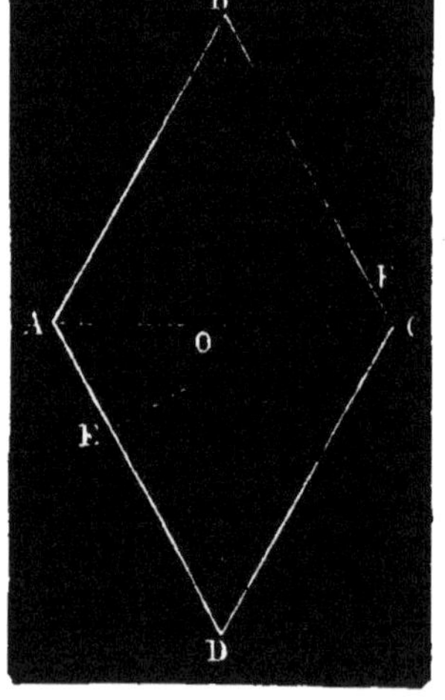

Fig. 120.

La surface d'un losange est égale au demi-produit de ses deux diagonales.

1. On trouvera à la fin, au *Chapitre supplémentaire*, une règle pour calculer la surface d'un triangle en connaissant les trois côtés

93. Surface du trapèze. — Soit le trapèze ABCD (fig. 121), dont les bases sont AB et DC et la hauteur DH. Si par le milieu M du côté BC on mène une parallèle au côté AD, jusqu'à la rencontre de la base AB en F et du prolongement de l'autre base en G, on forme un parallélogramme AFGD, qui a la même hauteur DH que le trapèze. En outre, il lui est équivalent; car il est facile de voir que le triangle FMB en tournant autour du point M coïncide avec le triangle CMG, lorsque le point B est arrivé en C. On a ainsi changé le trapèze en un parallélogramme, en ôtant le triangle FMB au-dessous de M pour le mettre au-dessus. La surface du trapèze est donc égale au produit de la hauteur DH par la base AF du parallélogramme.

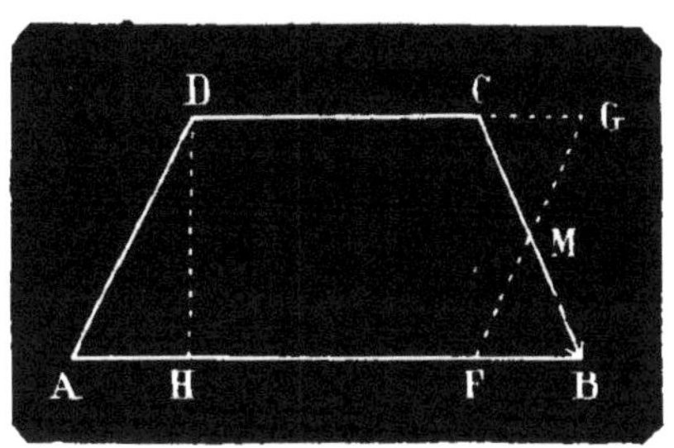

Fig. 121.

Or, en comparant les bases AF et DG du parallélogramme avec les deux bases AB et DC du trapèze, on a

$$AF = AB - FB,$$
$$DG = DC + CG.$$

En additionnant ces deux égalités membre à membre, on obtient

$$AF + DG = AB + DC + CG - FB$$

ou

$$2AF = AB + DC,$$

puisque AF est égal à DG et que CG est égal à BF.

De cette dernière égalité, on tire

$$AF = \frac{AB + DC}{2}.$$

La surface du trapèze est donc égale à

$$DH \times \frac{AB + DC}{2}.$$

De là résulte ce théorème :

La surface d'un trapèze est égale au produit de la hauteur par la demi-somme des bases.

94. Surface d'un polygone quelconque. — 1° On décompose le polygone en triangles, soit par des diagonales (fig. 122), soit par des droites menées d'un point intérieur quelconque (fig. 123). On calcule ensuite la surface de tous les triangles, et en faisant leur somme on a celle du polygone.

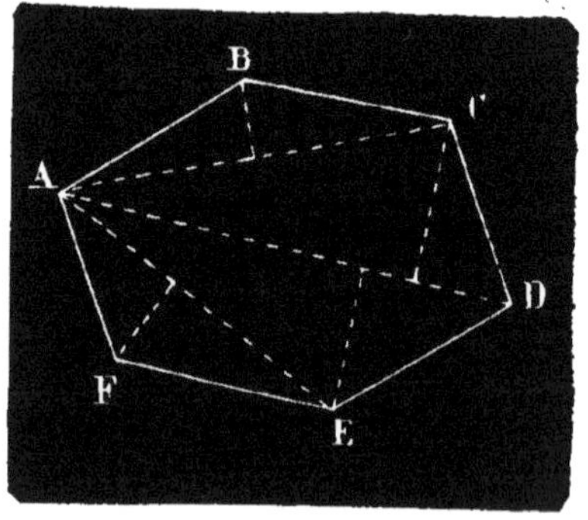

Fig. 122.

2° Ayant mené une diagonale AE (fig. 124), on abaisse de tous les autres sommets sur cette diagonale les perpendiculaires BB', CC', etc. Le polygone ABCDEFG est ainsi décomposé en triangles rectangles et en trapèzes rectangles. On calcule leur surface en prenant pour bases et pour hauteurs les côtés des angles droits, et la somme de toutes ces surfaces est la surface du polygone.

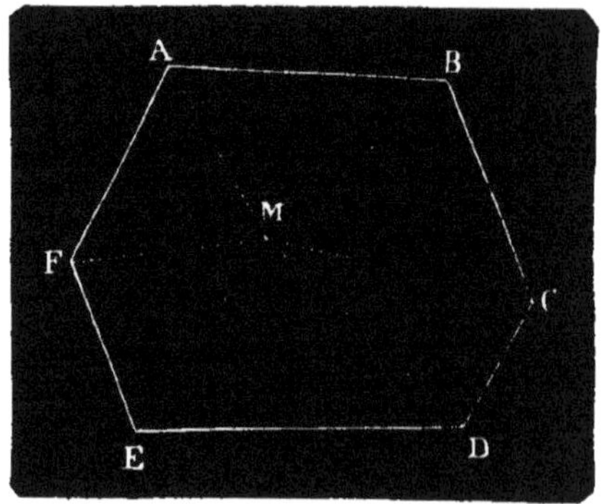

Fig. 123.

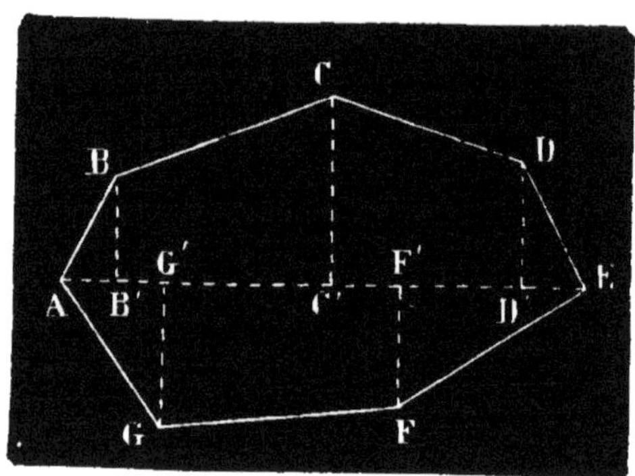

Fig. 124.

95. Surface d'une figure plane limitée par une ligne courbe quelconque. — Soit la figure 125 représentant un champ par exemple. On mène la droite AB; puis on divise la ligne courbe en parties qu'on puisse regarder comme étant à peu près droites. Des points de division, on abaisse des perpendiculaires sur la droite AB, ce qui décompose la figure en trapèzes rectangles, comme dans le cas précédent, et on opère ensuite de la même manière.

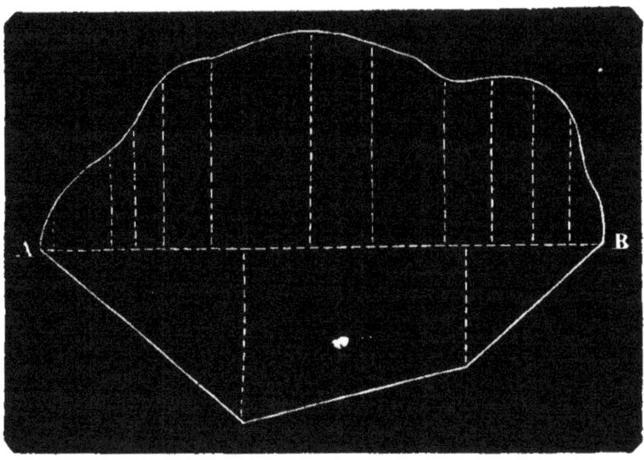

Fig. 125.

96. Surface du polygone régulier. — La surface d'un polygone régulier pourrait être calculée comme celle de tout autre polygone ; mais en raison de la régularité de la figure il y a un autre moyen plus commode.

Soit l'octogone régulier (fig. 126). En menant des droites du centre O à tous les sommets, on le décompose en 8 triangles isoscèles égaux. L'un de ces triangles, AOB par exemple, a pour mesure le produit du côté AB multiplié par la moitié de l'apothème OM ; la surface totale vaudra 8 fois ce produit ou $8AB \times \frac{OM}{2}$. Or 8AB est le périmètre du polygone ; de là ce théorème :

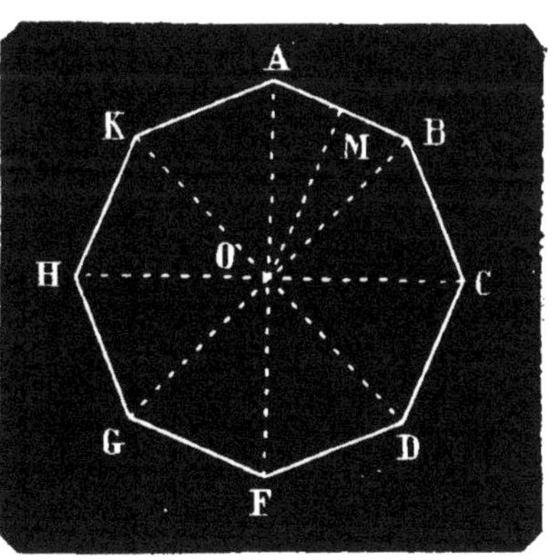

Fig. 126.

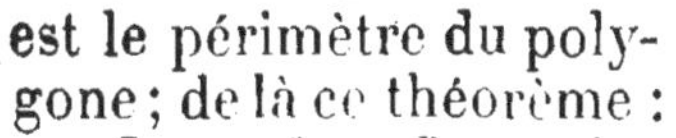

La surface d'un polygone régulier est égale au demi-produit du périmètre multiplié par l'apothème.

Observation. — La longueur de l'apothème dépend

de la longueur du côté du polygone régulier; mais les calculs par lesquels on peut déduire l'une de l'autre ne sont pas assez élémentaires pour être exposés ici, quand il s'agit d'un polygone d'un nombre quelconque de côtés. On serait alors obligé de mesurer l'apothème sur le polygone pour pouvoir calculer la surface. Nous donnerons à la fin de ce chapitre le moyen d'évaluer la surface du triangle équilatéral, de l'hexagone régulier et de l'octogone régulier, à l'aide de la longueur seulement du côté du polygone.

97. Surface du cercle. — Le cercle pouvant être regardé comme un polygone régulier d'un nombre infini de côtés infiniment petits, ayant pour périmètre la circonférence et pour apothème le rayon, *on trouve la surface d'un cercle en multipliant sa circonférence par la moitié du rayon.*

REMARQUES. — 1° Cette règle peut être simplifiée. En effet, soit à chercher la surface S d'un cercle ayant un rayon de 5 mètres, par exemple.

Le diamètre sera 5×2 et la circonférence $5 \times 2 \times \pi$ ou $2\pi \times 5$.

D'après la règle qui vient d'être énoncée, on aura pour la surface S du cercle

$$S = 2\pi \times 5 \times \frac{5}{2}$$

ou en simplifiant,

$$S = \pi \times 5^2.$$

De là cette règle : *La surface d'un cercle est égale au carré du rayon multiplié par le nombre* π.

Si l'on représente le rayon par r, cette règle sera exprimée par la formule suivante :

$$S = \pi r^2.$$

2° Pour trouver le rayon quand on connaît la surface, il faut diviser la surface par π et extraire la racine carrée du quotient.

De la formule du cercle on tire en effet

$$r^2 = \frac{S}{\pi}, \quad \text{d'où} \quad r = \sqrt{\frac{S}{\pi}}.$$

EXEMPLES. — 1° *Calculer la surface du fond d'un bassin circulaire ayant un diamètre de* $3^m,6$.

Le rayon est la moitié de $3^m,6$, c'est-à-dire $1^m,8$.

La surface égale donc

$$1,8 \times 1,8 \times 3,14 = 10^{m.q},1736,$$

c'est-à-dire $10^{m.q}\ 17^{dm.q}\ 36^{cm.q}$.

2° *La circonférence d'un bassin circulaire plein d'eau a été trouvée égale à* $24^m,38$. *Quelle est la surface de l'eau?*

On a d'abord pour le rayon

$$\frac{24,38}{2\pi} = \frac{12,19}{\pi}.$$

Le carré du rayon sera. . . . . $\dfrac{12,19^2}{\pi^2}$

La surface du cercle étant égale au carré du rayon multiplié par π, sera égale à . . . . $\dfrac{12,19^2 \times \pi}{\pi^2}$

En supprimant au dividende et au diviseur le facteur commun π, on a

$$\frac{12,19^2}{\pi} = \frac{148,5961}{3,14} = \frac{14859,61}{3,14} = 47,32.$$

La surface cherchée a donc $47^{m.q}\ 32^{dm.q}$.

98. Surface du secteur. — On appelle *secteur* une portion de cercle comprise entre deux rayons et l'arc qu'ils interceptent, par exemple OAB (fig. 127). C'est comme une espèce de triangle isoscèle dont la base serait un arc de cercle. Son étendue dépend du rayon et du nombre de degrés de l'arc.

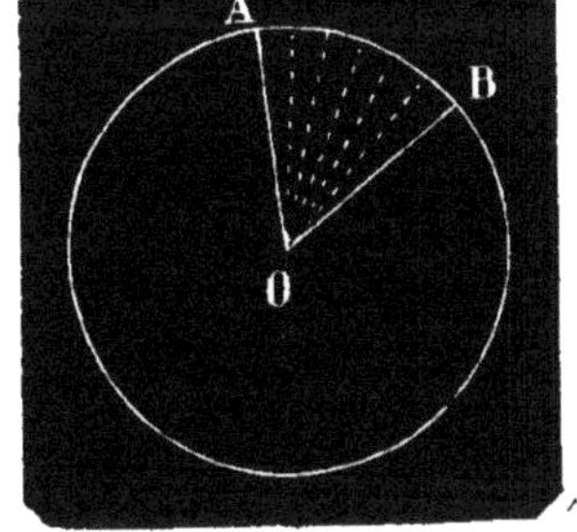

Fig. 127.

1° *Pour trouver la surface d'un secteur, on calcule d'abord celle du cercle; on la divise par* 360, *ce qui donne la surface d'un secteur de* 1 *degré; on multiplie ensuite le quotient par le nombre de degrés du secteur.*

2° Si on imagine le secteur divisé par un grand nombre de rayons, les diverses parties diffèrent très peu de triangles isoscèles qui auraient tous pour hauteur commune le rayon et pour bases les arcs très petits dont la somme est l'arc du secteur. D'après cela, on peut dire encore : *la surface d'un secteur est égale au demi-produit du rayon par la longueur de l'arc.*

99. Surface de l'ellipse. — La figure de l'ellipse se rencontre assez souvent pour qu'il soit utile d'en savoir trouver la surface. Nous nous bornerons à énoncer la règle : *pour avoir la surface d'une ellipse, il faut multiplier entre eux les deux demi-axes et multiplier ensuite ce produit par* π.

Si on désigne par a la moitié du grand axe, par b la moitié du petit axe, et par E la surface de l'ellipse, cette règle sera exprimée par la formule suivante :

$$E = \pi ab.$$

100. Théorème du carré de l'hypoténuse. — Aux questions de surface, nous devons rattacher le théorème suivant, qui a la plus grande importance.

Dans tout triangle rectangle, le carré de l'hypoténuse est égal à la somme des carrés des deux côtés de l'angle droit[1].

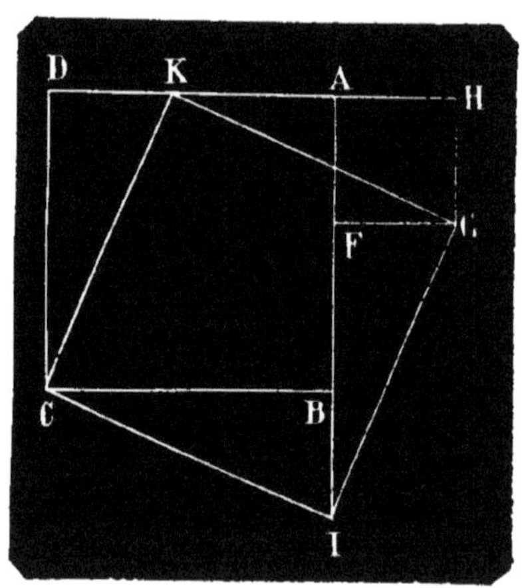

Fig. 128.

Soit deux carrés ABCD et AFGH. Plaçons-les l'un à côté de l'autre, le côté AH du plus petit étant dans la direction du côté AD du plus grand ; prenons DK égal à AH et tirons les droites KC et KG, ce qui forme les deux triangles rectangles égaux KDC et KGH. Découpons ces deux triangles et portons KDC au-dessous de la figure en appliquant le côté CD sur le côté égal CB ; le côté DK se place en BI sur le prolongement de AB, et la distance FI se trouve égale à AB et par conséquent à KH. Portons aussi le triangle KGH au-

1. Ce théorème est souvent désigné par le nom de *théorème de Pythagore*, parce que ce philosophe grec en avait trouvé la démonstration.

dessous de FG, en appliquant le côté GH sur GF ; ce triangle prend alors la position GFI. Par là, la somme de deux carrés ABCD et AFGH se trouve changée en un quadrilatère équivalent CIGK.

Démontrons que ce quadrilatère CIGK est un carré. D'abord ses quatre côtés sont égaux. En outre, la somme des trois angles DKC, CKG et GKH vaut deux angles droits. Or, l'angle GKH est égal à l'angle KCD, puisque le triangle rectangle CDK est égal au triangle rectangle KGH. Les deux angles DKC et GKH valent ensemble un angle droit; donc l'angle CKG est droit.

Le côté CK de ce carré est l'hypoténuse du triangle rectangle CDK, dont les deux côtés de l'angle droit CD et DK sont égaux aux côtés AD et AH des deux carrés proposés. Le théorème est donc démontré.

Conséquences. — 1° Deux côtés d'un triangle rectangle étant donnés en nombres, il sera facile de calculer le troisième.

Si on connaît les deux côtés de l'angle droit, on cherche les carrés de leurs longueurs et on en fait la somme ; la racine carrée de cette somme est la longueur de l'hypoténuse.

Si on connaît l'hypoténuse et un côté de l'angle droit, on retranche du carré de l'hypoténuse le carré de ce côté de l'angle droit; la racine carrée de leur différence est la longueur du second côté de l'angle droit. C'est ce qu'on aurait à faire dans ce problème par exemple : *trouver la hauteur d'un mur, en sachant qu'une perche de 6 mètres atteint le sommet, quand son extrémité inférieure est à* 2m,5 *du pied du mur.*

2° Pour construire un carré équivalent à la somme de deux carrés donnés, il faut construire un triangle rectangle dont les deux côtés de l'angle droit soient égaux aux côtés des deux carrés donnés; l'hypoténuse de ce triangle est le côté du carré cherché.

Pour avoir un carré équivalent à la différence de deux carrés donnés, il faut construire un triangle rectangle ayant pour hypoténuse le côté du plus grand des deux carrés et pour l'un des côtés de l'angle droit le côté du plus petit carré; le second côté de l'angle droit est le côté du carré cherché.

101. Diagonale du carré. — Le carré ACBD (fig. 129) est divisé par la diagonale AB en deux triangles rectangles isoscèles égaux ACD et ABD. D'après le théorème précédent, le triangle rectangle ABC donne l'égalité

$$AB^2 = AC^2 + BC^2$$

ou

$$AB^2 = 2AC^2.$$

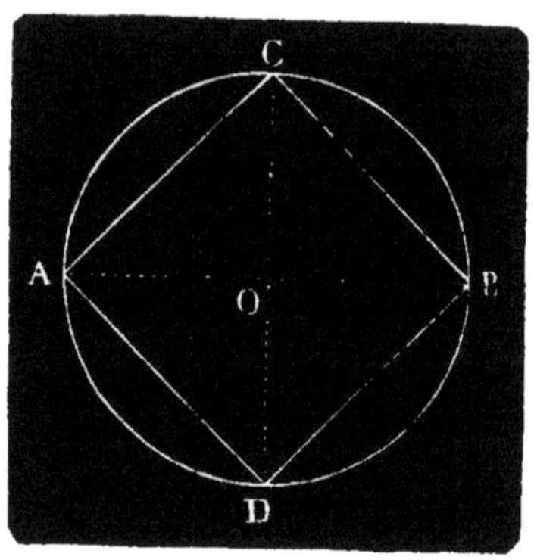

Fig. 129.

En extrayant la racine carrée des deux membres de l'égalité, on obtient

$$AB = AC \times \sqrt{2}.$$

Comme on a $\sqrt{2} = 1,414...$, la longueur de la diagonale d'un carré est un peu moins grande que 1 fois et demie le côté; elle est égale à environ 140 fois la 100e partie du côté.

Il est utile d'observer qu'une droite multipliée par $\sqrt{2}$ peut être regardée comme la diagonale d'un carré dont cette droite serait le côté. En considérant le triangle rectangle isoscèle AOC, on voit de la même manière que le côté AC du carré inscrit dans un cercle est égal au rayon multiplié par $\sqrt{2}$.

102. Calcul de la surface de quatre polygones réguliers au moyen du côté. — 1° *Carré.* — On sait déjà que pour avoir la surface d'un carré, il suffit de multiplier le côté par lui-même.

2° *Triangle équilatéral.* — Désignons par a le côté du triangle équilatéral ABC (fig. 130), dont la hauteur est BD. On a d'abord pour sa surface **T**

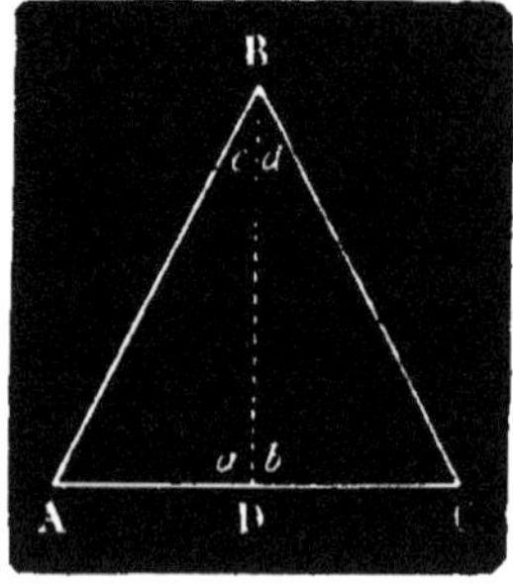

Fig. 130.

$$T = \frac{AC}{2} \times BD = \frac{a}{2} \times BD.$$

Or du triangle rectangle ABD on tire

$$BD^2 = AB^2 - AD^2$$

ou
$$BD^2 = a^2 - \frac{a^2}{4} = \frac{3a^2}{4},$$

et en extrayant la racine carrée,

$$BD = \frac{a}{2} \times \sqrt{3}.$$

Remplaçant BD par cette valeur dans l'expression de la surface T, on trouve

$$T = \frac{a}{2} \times \frac{a}{2} \times \sqrt{3}$$

ou
$$T = \frac{a^2}{4} \times \sqrt{3}.$$

Or $\frac{a^2}{4}$ étant le carré de la moitié de a, on a ce théorème :

La surface du triangle équilatéral est égale au carré de la moitié de son côté multiplié par $\sqrt{3}$.

La valeur de $\sqrt{3}$ est 1,732, à moins de 1 millième près.

3° *Hexagone régulier.* — On a vu (n° 77) que l'hexagone régulier est la somme de six triangles équilatéraux, dont le côté est égal à celui de l'hexagone. La surface de cet hexagone H vaut donc 6 fois celle du triangle équilatéral et on a

$$H = \frac{a^2}{4} \times \sqrt{3} \times 6$$

ou
$$H = \frac{3a^2}{2} \times \sqrt{3}.$$

EXEMPLE. — *On veut couvrir avec des carreaux à six côtés un corridor rectangulaire ayant 28 mètres de longueur et 2 mètres de largeur; combien devra-t-on employer de carreaux de 8 centimètres de côté?*

La surface du corridor est

$$28 \times 2 = 56^{m.q} = 560000^{cm.q}.$$

La surface d'un carreau, d'après la formule trouvée plus haut, est

$$\frac{3}{2} \times 8^2 \times \sqrt{3} = \frac{3 \times 64 \times \sqrt{3}}{2} = 96 \times 1,732 = 166^{cm.q},272.$$

Le nombre de carreaux à employer sera égal à

$$560\,000 : 166,272 = 3\,368.$$

4° *Octogone régulier.* — Soit a le côté de l'octogone régulier (fig. 131). En menant les diagonales AD et KF qui sont parallèles aux côtés parallèles BC et HG, on décompose l'octogone en trois parties : le rectangle ADFK et les deux trapèzes égaux ABCD et KFGH. En outre, les diagonales BH et CG sont perpendiculaires à AD et KF, et BL est la hauteur des trapèzes.

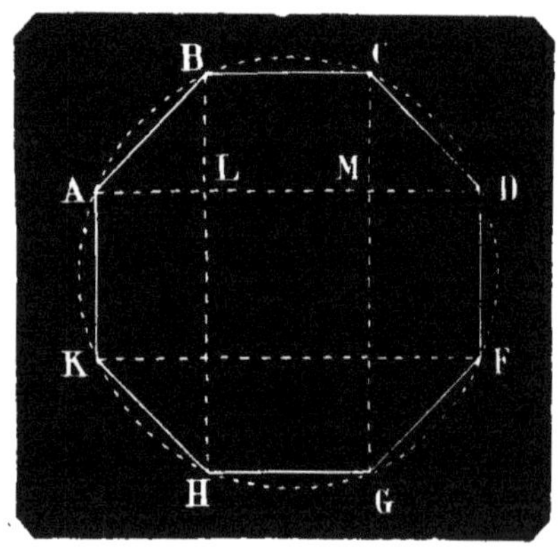

Fig. 131.

Or le triangle rectangle isoscèle ABL donne l'égalité

$$AL^2 + BL^2 = AB^2$$

ou

$$2BL^2 = a^2,$$

d'où

$$BL^2 = \frac{a^2}{2} = \frac{2a^2}{4}$$

et

$$BL = \frac{a}{2} \times \sqrt{2}.$$

On trouve donc

$$AD = AL + LM + MD = \frac{a}{2} \times \sqrt{2} + a + \frac{a}{2} \times \sqrt{2} = a + a \times \sqrt{2}.$$

Pour la surface du rectangle, on a

$$ADFK = AK \times AD = a \times (a + a \times \sqrt{2}) = a^2 + a^2 \times \sqrt{2}.$$

Pour la surface des deux trapèzes, on a ensuite

$$2ABCD = BL \times (AD + BC) = \frac{a}{2} \times \sqrt{2} \times (a + a \times \sqrt{2} + a),$$

ou $$2ABCD = \frac{a}{2} \times \sqrt{2} \times (2a + a\sqrt{2}) = a^2 \times \sqrt{2} + a^2.$$

En additionnant les surfaces du rectangle et des deux trapèzes, on trouve

$$ADFK + 2ABCD = 2a^2 + 2a^2 \times \sqrt{2}$$

ou $$\text{Surf. de l'octog.} = 2a^2 \times (1 + \sqrt{2}).$$

Exemple. — *On a construit dans un jardin un bassin dont le fond est un octogone régulier de 8 mètres de côté; quelle est la surface du fond?*

D'après la formule trouvée pour l'octogone régulier, cette surface est

$$2 \times 64 + (1 + \sqrt{2}) = 128 \times 2{,}414 = 308^{m.q},992$$

ou 309 mètres carrés.

CHAPITRE XII

POLYGONES SEMBLABLES.

103. Caractères de similitude entre deux figures. — Qu'un écolier s'amuse à faire en petit (fig. 132) une figure semblable à celle d'un soldat

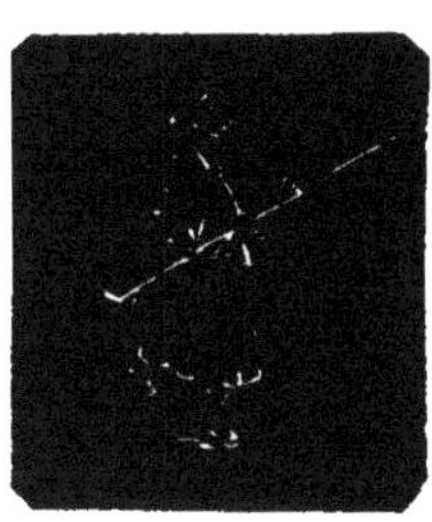

Fig. 132.

Fig. 132 *bis.*

armé par exemple (fig. 132 *bis*). Sans avoir reçu aucune explication à ce sujet, il sait très-bien que s'il fait la jambe droite trois fois plus petite, il doit donner à toutes les lignes de sa copie le tiers seulement de la longueur qu'elles ont dans le modèle. De plus, il conserve la même grandeur à chaque angle; par exemple, le coude du bras gauche forme dans la petite figure un angle égal à celui qu'il forme dans la grande.

De même, s'il veut, à l'aide de la règle et du compas, tracer le dessin d'une porte qui aurait 2 mètres de largeur avec 3 mètres de hauteur et qui serait terminée en haut par un plein cintre, c'est-à-dire par un demi-cercle, il construit un rectangle pareil (fig. 133), en remplaçant seulement le mètre par une longueur plus petite, le centimètre par exemple, et décrit au-dessus un demi-cercle avec un diamètre de 2 centimètres.

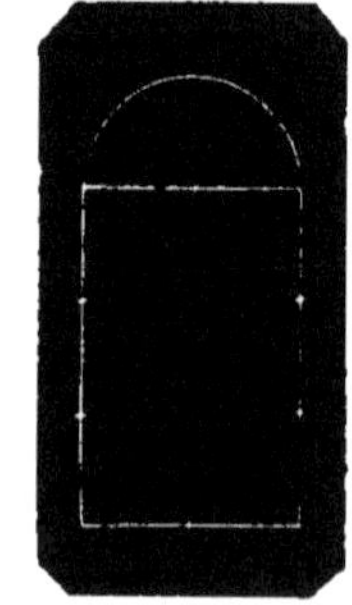

Fig. 133.

On voit par là que deux caractères constituent la similitude de deux figures : 1° *les angles de l'une sont égaux aux angles de l'autre;* 2° *les côtés de la plus petite sont tous la même fraction des côtés correspondants de la plus grande.*

En géométrie, deux côtés qui se correspondent dans deux figures semblables sont appelés côtés HOMOLOGUES.

Définition. — *On appelle donc* POLYGONES SEMBLABLES *deux polygones qui ont leurs angles respectivement égaux et leurs côtés homologues proportionnels.*

Pour bien comprendre cette partie si importante de la géométrie, il est nécessaire d'avoir une idée très nette de la proportionnalité des nombres et des lignes.

104. Rapport. — *Le rapport de deux nombres est le quotient de l'un de ces nombres divisé par l'autre.*

Ainsi le rapport de deux règles, ayant l'une 3 mètres et l'autre 4 mètres, est $\frac{3}{4}$, c'est-à-dire que la longueur de la plus petite contient 3 fois le quart de la plus grande.

De même *le rapport de deux lignes est le rapport qui existe entre les nombres qui expriment les longueurs de ces deux lignes mesurées avec la même unité.*

Proportion. — *Lorsque le rapport de deux nombres est égal au rapport de deux autres nombres, on dit que les deux premiers sont proportionnels aux deux derniers.*

Par exemple, les nombres 6 et 8 sont proportionnels aux nombres 3 et 4; car 6 est les trois quarts de 8, comme 3 est les trois quarts de 4.

On appelle proportion une égalité formée de deux rapports égaux. Telle est l'égalité

$$\frac{6}{8}=\frac{3}{4}.$$

De même *quatre lignes sont proportionnelles, lorsque le rapport des deux premières est égal au rapport des deux dernières.*

Les propriétés des proportions sont exposées dans tous les traités d'arithmétique. Nous citerons seulement la propriété fondamentale : *dans toute proportion, le produit des extrêmes est égal au produit des moyens.*

LIGNES PROPORTIONNELLES.

105. Théorème. — *Quand les deux côtés d'un angle sont coupés par des droites parallèles entre elles, si les segments*[1] *interceptés sur l'un de ces côtés sont égaux, les segments interceptés sur l'autre côté sont aussi égaux entre eux.*

Supposons les droites AA′, BB′, CC′, DD′ (fig. 134) parallèles, et les distances OA, AB, BC, CD égales entre elles; les distances OA′, A′B′, B′C′ et C′D′ seront aussi égales.

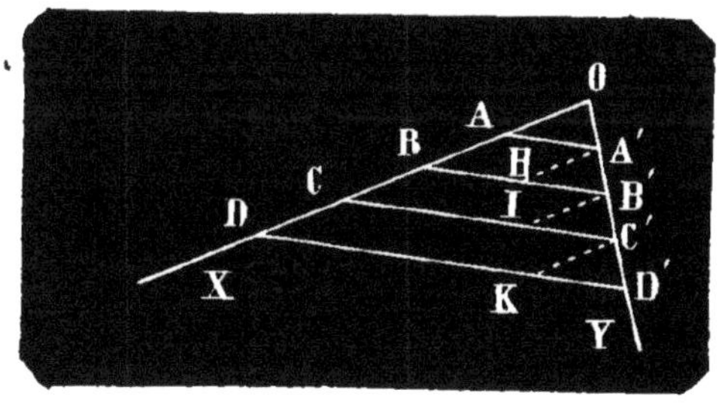

Fig. 134.

Pour le démontrer, on mène les droites A′H, B′I, C′K parallèles à OX; les triangles ainsi formés OAA′, A′HB′, B′IC′, C′KD′ seront égaux.

En effet, considérons les deux premiers OAA′ et A′HB′.

1. Le mot *segment* est fréquemment employé en géométrie pour désigner une partie d'une ligne. Le terme *segment circulaire* désigne une portion de cercle comprise entre un arc et sa corde.

Les angles AOA′ et HA′B′ sont égaux, parce que les droites AO et HA′ sont parallèles; les angles AA′O et HB′A′ sont aussi égaux, parce que les droites AA′ et HB′ sont parallèles. De plus, les côtés AO et HA′ sont égaux, puisqu'ils sont tous deux égaux à AB, ce qu'il est facile de voir. Ces deux triangles, ayant un côté égal adjacent à deux angles respectivement égaux, sont égaux, et par suite les côtés OA′ et A′B′ sont égaux.

106. Division d'une droite en parties égales. — Le théorème précédent donne le moyen de diviser une droite, sans tâtonnement, en un nombre quelconque de parties égales.

Soit à diviser une droite AD (fig. 135) en trois parties égales. Ayant mené de l'extrémité A une droite quelconque AX, on porte sur cette droite à partir de A trois longueurs égales, prises à volonté AH, HK, KL; on joint le dernier point L à l'extrémité D par une droite LD; puis par les autres points K et H on mène des parallèles à LD. Elles divisent AD en trois parties égales [1].

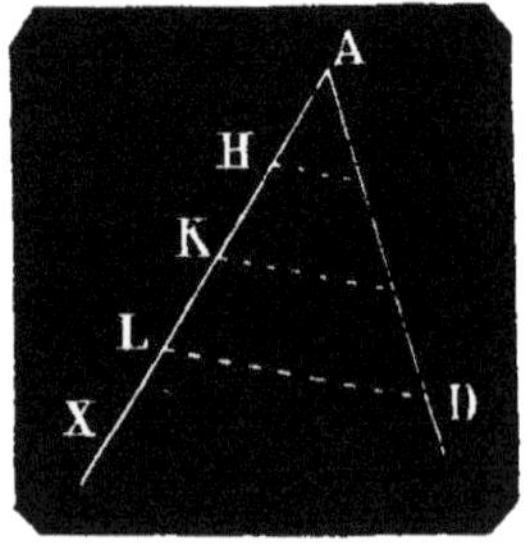

Fig. 135.

107. Théorème. — *Quand un triangle est coupé par une droite parallèle à l'un de ses côtés, les deux autres côtés sont divisés en parties proportionnelles entre elles.*

Soit DE parallèle à BC (fig. 136). Supposons qu'en portant, à l'aide du compas, une longueur quelconque sur AD et sur DB, on la trouve contenue 2 fois dans AD et 3 fois dans DB, la distance AD est les $\frac{2}{3}$ de DB. Si, par les points de division de AD et de DB, on mène des parallèles à DE, elles divisent avec DE le

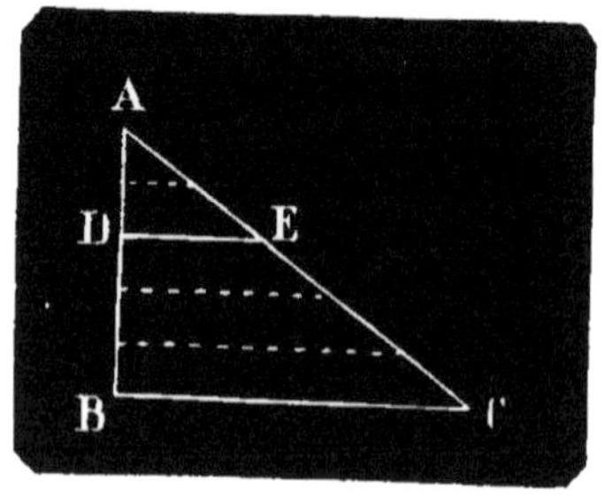

Fig. 136.

1. Voir au *Chapitre supplémentaire* un autre moyen pour diviser une droite en parties égales.

côté AC en parties égales, et comme il y en a 2 dans AE et 3 dans EC, la partie AE est aussi les $\frac{2}{3}$ de la partie EC.

Ainsi les deux parties AD et DB du premier côté sont proportionnelles aux deux parties AE et EC du second ; c'est ce qu'on exprime par cette proportion :

$$\frac{AD}{DB}=\frac{AE}{EC}.$$

CONSÉQUENCES. — 1° On voit que AD est les $\frac{2}{5}$ de AB et que AE est aussi les $\frac{2}{3}$ de AC ; donc un côté et l'un de ses segments ont entre eux le même rapport que l'autre côté et le segment correspondant au premier.

2° En changeant les moyens de place entre eux dans la proportion précédente, on a

$$\frac{AD}{AE}=\frac{DB}{EC}.$$

Cette proportion montre que les deux segments situés d'un côté de la sécante parallèle sont proportionnels aux deux segments situés de l'autre côté. Ils sont aussi proportionnels aux côtés entiers.

3° Ce principe s'applique aussi au cas où les deux côtés seraient coupés par plusieurs droites parallèles (fig. 137). Si par exemple AF était les $\frac{2}{3}$ de AD, chacun des segments de AC serait les $\frac{2}{3}$ du segment correspondant de AB.

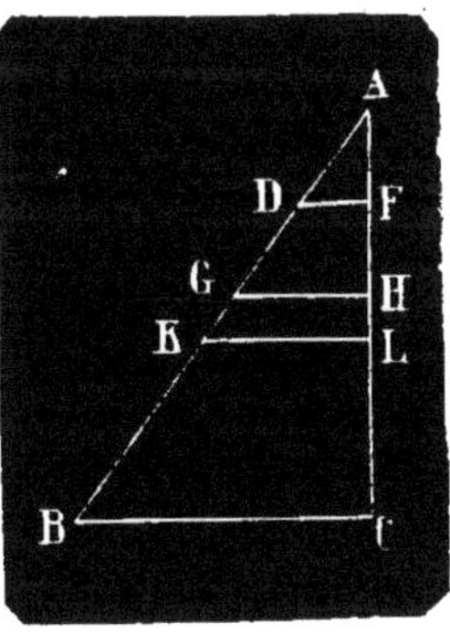

Fig. 137.

108. Applications. — Les principes exposés dans le numéro précédent donnent lieu à de nombreuses applications ; nous en citerons seulement deux.

1° *Dans le triangle* ABC (fig. 136), *on a* AB = 29^{mm} ; AD = 8^{mm} ; AC = 35^{mm} ; *calculer* AE.

De la proportion

$$\frac{AE}{AC}=\frac{AD}{AB} \quad \text{ou} \quad \frac{AE}{35}=\frac{8}{29}$$

on tire

$$AE=\frac{35\times 8}{29}=9,6.$$

2° *Trouver la hauteur qu'il faut donner à un rectangle dont la base est une droite* c *pour que sa surface soit équivalente à celle d'un autre rectangle* R *dont la base est* b *et la hauteur* a (fig. 138).

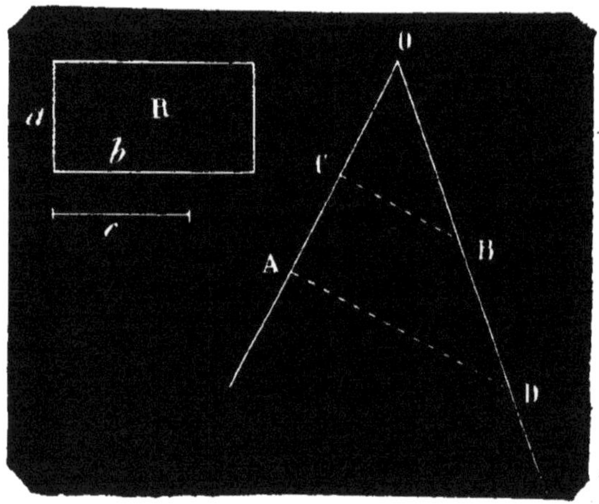

Fig. 138.

Si les trois longueurs étaient données en nombres, il suffirait de multiplier b par a, ce qui donnerait la surface du rectangle, et de diviser le produit par c.

Ici il s'agit de résoudre le même problème en lignes, à l'aide de la règle et du compas. Or, si la hauteur demandée x était connue, on aurait

$$x\times c=a\times b$$

d'où l'on tire la proportion

$$\frac{c}{a}=\frac{b}{x}.$$

On voit par là que la hauteur cherchée est une quatrième proportionnelle aux droites c, a et b.

Pour la construire, on mène deux droites quelconques OX et OY (fig. 138); sur OX on porte à partir de O une longueur $OC=c$ et à la suite une longueur $CA=a$; sur OY une longueur OB $= b$. On tire la droite CB, et on mène à partir de A la droite AD parallèle à CD; la droite BD sera la droite cherchée.

C'est là le problème qui consiste à *chercher une quatrième proportionnelle à trois droites données.*

Si, au lieu du rectangle, on avait dans le même problème un carré dont le côté est une droite c, la proportion qui donnerait le côté x serait

$$\frac{c}{a}=\frac{a}{x}.$$

Comme il n'y a plus que trois lignes différentes, on énonce le problème dans ce cas de la manière suivante : *chercher une troisième proportionnelle à deux droites données* **c** *et* **a**.

TRIANGLES ET POLYGONES SEMBLABLES.

109. Théorème. — *Si un triangle est coupé par une droite parallèle à l'un de ses côtés, le triangle partiel qui en résulte est semblable au triangle total*[1].

Supposons DE parallèle à AC (fig. 139), le triangle BDE sera semblable au triangle ABC.

En effet, leurs angles sont respectivement égaux; car l'angle B leur est commun; l'angle BDE est égal à l'angle BAC, de même que les angles BED et BCA, à cause du parallélisme des droites DE et AC. De plus, si BD est par exemple les $\frac{5}{8}$ de BA, le côté BE est aussi les $\frac{5}{8}$ de BC. Il reste à faire voir que DE est de même les $\frac{5}{8}$ de AC.

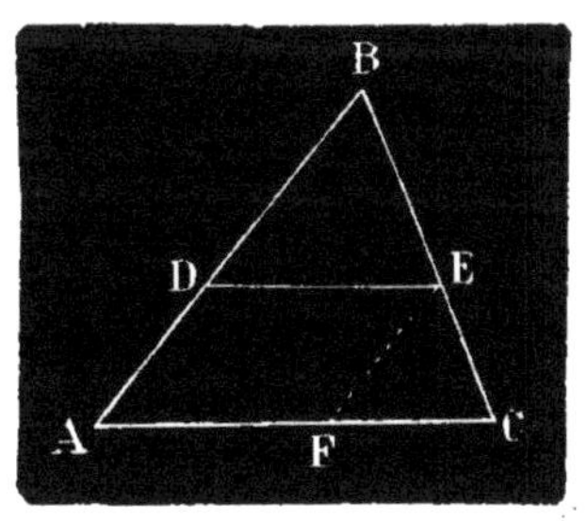

Fig. 139.

Pour cela on mène du point E la droite EF parallèle à BA; on a ainsi le parallélogramme AFED, dans lequel DE est égal à AF. Or EF étant parallèle à BA, et BE étant les $\frac{5}{8}$ de BC, la droite AF est

1. De ce théorème on tire un moyen très commode pour diviser une droite en parties égales; voir au *Chapitre supplémentaire*.

6.

aussi les $\frac{5}{8}$ de AC; donc la droite DE, égale à AF, est les $\frac{5}{8}$ de AC. Ainsi les deux triangles ayant leurs angles respectivement égaux et leurs côtés homologues proportionnels sont semblables.

REMARQUE. — La droite qui joint les milieux de deux côtés d'un triangle est parallèle au troisième et en vaut la moitié.

110. Cas de similitude de deux triangles. — De la démonstration qui précède découlent des conséquences importantes.

1° De ce que les angles du triangle DBE sont égaux à ceux du triangle ABC, les côtés de l'un sont proportionnels à ceux de l'autre. De là le théorème suivant :

Deux triangles sont semblables, quand ils ont deux angles respectivement égaux.

2° Si dans le triangle ABC on prend BD et BE proportionnels à BA et BC, la droite qui unit les points D et E se trouve parallèle à AC, et les angles des deux triangles sont respectivement égaux. De là cet autre théorème :

Deux triangles qui ont un angle égal compris entre deux côtés proportionnels sont semblables.

3° Supposons qu'on ait construit le triangle DEF (fig. 139 *bis*) en faisant ses côtés égaux, par exemple, aux $\frac{5}{8}$ des côtés du triangle ABC; ces triangles sont semblables.

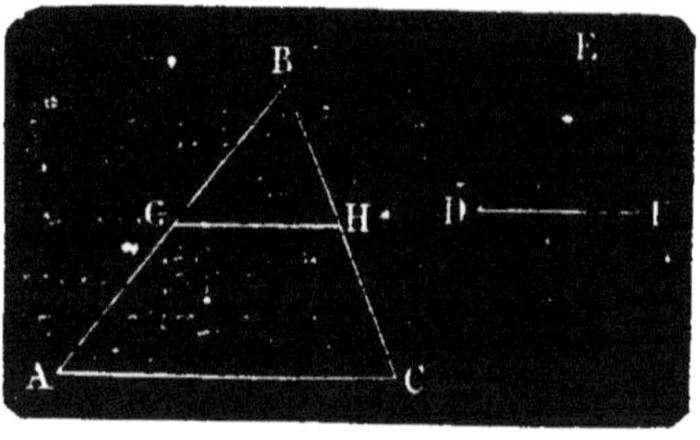

Fig. 139 *bis*.

En effet, prenons BG = ED, c'est-à-dire égal aux $\frac{5}{8}$ de BA et tirons GH parallèle à AC; le triangle GBH se trouve semblable au triangle ABC. Or le côté BG étant les $\frac{5}{8}$ de BA, le côté BH est aussi les $\frac{5}{8}$ de BC et par suite il est égal à EF. De même GH est les $\frac{5}{8}$ de AC et par suite il est égal à DF. Ainsi les deux triangles GBH et DEF ayant leurs trois côtés respectivement égaux sont égaux; donc DEF est semblable comme GBH au triangle ABC. De là ce troisième théorème :

Deux triangles qui ont leurs trois côtés respectivement proportionnels sont semblables.

111. Construction d'un triangle semblable à un triangle donné.—On peut opérer de trois manières, qui correspondent aux trois cas de similitude. Pour donner plus d'intérêt à la question, supposons qu'il s'agisse d'une pièce de terre triangulaire ABC (fig. 140).

1re CONSTRUCTION. — Ayant mesuré sur le terrain le côté AC à la chaîne et les angles A et C avec le graphomètre, on a trouvé :

$$AC = 30 \text{ mètres} \ ; \ A = 49^\circ \ ; \ C = 78^\circ.$$

Prenant le millimètre pour représenter le mètre sur le papier, on tire $ac = 30^{mm}$. Au point *a*, on fait à l'aide du rapporteur sur *ac* un angle *cab* de 49°, et au point *c* un angle *acb* de 78°. Les deux droites ainsi menées de *a* et de *c* se rencontrent et on a le triangle *abc*, qui est semblable à celui du terrain.

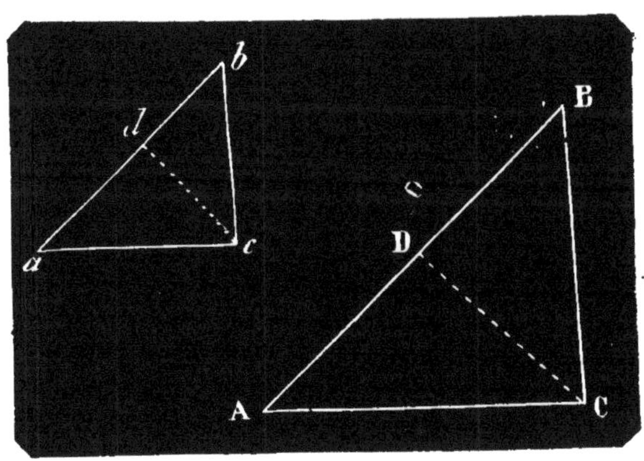

Fig. 140.

2e CONSTRUCTION. — Ayant mesuré à la chaîne les deux côtés AB et AC et au graphomètre l'angle BAC, on a trouvé

$$AC = 30^m \ ; \ AB = 36^m \ ; \ A = 49^\circ.$$

On construit avec le rapporteur un angle *a* de 49° ; on

donne à l'un des côtés une longueur A'C' de 30^{mm}, et à l'autre côté une longueur A'B' de 36^{mm}; puis, tirant la droite B'C', on a le triangle A'B'C', qui est semblable à celui du terrain.

3e Construction. — Ayant mesuré à la chaîne les trois côtés du terrain, on a trouvé

$$AC = 30^{m} \; ; \; AB = 36^{m} \; ; \; BC = 28^{m}.$$

On construit un triangle *abc*, en prenant pour les trois côtés $ac = 30^{mm}$, $ab = 36^{mm}$, $bc = 28^{mm}$. Le triangle *abc* est le triangle demandé.

112. Utilité des triangles semblables.— 1° Avec le triangle *abc*, il est facile de calculer la surface du terrain ABC (fig. 140).

En effet, on abaisse d'un sommet quelconque *c* la hauteur *cd* sur le côté opposé *ab*. Dans la figure, elle a 33^{mm}; sur le terrain, elle aurait donc 33 mètres.

Il ne reste plus qu'à calculer la surface d'un triangle ayant une base de 36 mètres et une hauteur de 33 mètres. On trouverait 594 mètres carrés.

2° Avec la même construction, on peut connaître la distance d'un point A à un autre point B inaccessible (fig. 141).

Sur le terrain où l'on se trouve, on plante deux jalons en A et en un autre point C; on mesure à la chaîne la droite AC. A l'aide du graphomètre posé successivement en A, puis en C, on mesure les angles CAB et ACB. En construisant ensuite sur le papier un triangle semblable à ACB, on trouve au moyen du côté homologue de AB la distance AB.

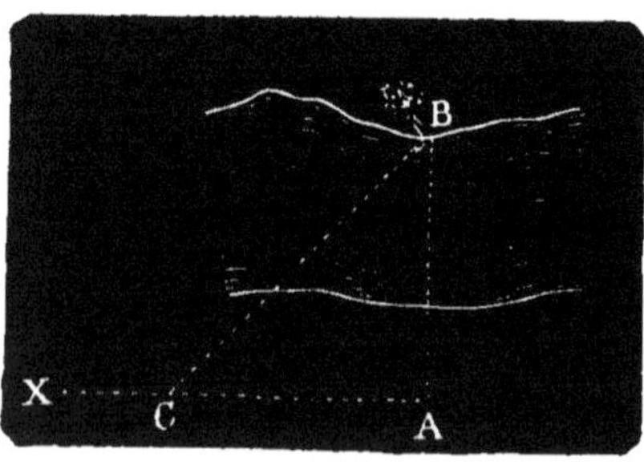

Fig. 141.

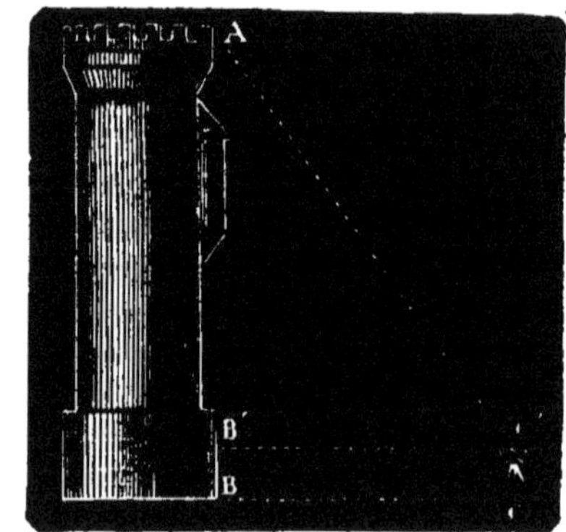

Fig. 142.

C'est de la même manière qu'on peut mesurer la hauteur d'une tour dont le pied est accessible (fig. 142). On a alors à construire un triangle rectangle dont on connaît le côté horizontal B'C' et l'angle B'C'A' formé par l'hypoténuse avec ce côté.

113. Construction d'un polygone semblable à un polygone donné. — Décomposons un pentagone ABCDE (fig. 143) en triangles, par les diagonales AC et AD.

Construisons ensuite un triangle A'B'C' semblable au triangle ABC, en prenant par exemple ses côtés égaux à la moitié de ceux du triangle ACB; sur A'C', un triangle A'C'D' semblable au triangle ACD; sur A'D', un triangle semblable à ADE. Dans le pentagone A'B'C'D'E' ainsi formé, les côtés et les diagonales sont la moitié des lignes homologues du premier, et tous ses angles sont égaux à ceux du premier. Il est donc semblable au pentagone ABCDE.

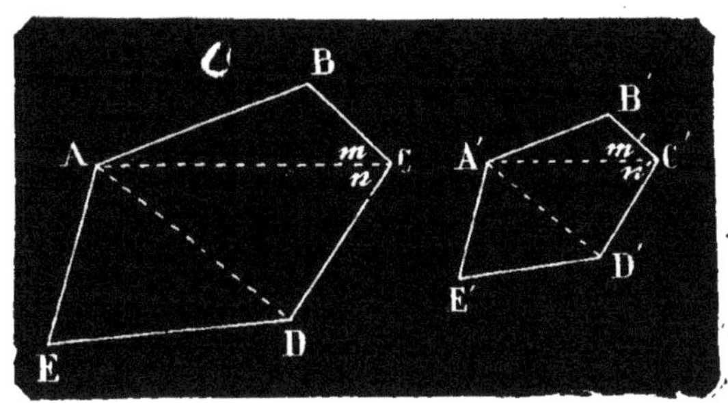

Fig. 143.

Donc, *pour construire un polygone semblable à un autre, on décompose le polygone donné en triangles, soit par des diagonales, soit par des droites partant d'un point intérieur quelconque, et on construit une suite de triangles semblables à ceux du premier polygone et disposés dans le même ordre.*

Remarque. — Le polygone construit sur le papier et semblable à celui d'un terrain est nommé *le plan* de ce terrain. Il est ainsi appelé parce que dans les mesures prises sur le terrain on opère comme si sa surface était unie et horizontale. Ces opérations, plus ou moins compliquées suivant les inégalités de la surface, sont exposées dans les ouvrages relatifs au *lever* des plans.

Avec le plan d'un terrain, on peut connaître sa surface. Il suffit de le diviser en triangles et de calculer la surface de chaque triangle, comme on vient de l'expliquer dans le numéro précédent, et de faire la somme de tous les triangles.

Dans certains cas, la forme du polygone suggère des moyens plus simples que la décomposition en triangles; c'est ce qui se présente dans l'exemple suivant.

Problème. — *Un curieux voulait savoir la surface de l'eau qui remplit le grand bassin octogonal du jardin du Luxembourg. En mesurant les huit côtés, il trouva 19m,5 pour leur longueur, et 29m,3 pour les deux côtés parallèles qui sont à l'est et à l'ouest, c'est-à-dire qui font face au Panthéon. Les huit angles sont égaux et valent par conséquent 1 angle droit et demi ou 135 degrés. Que fait-il ensuite?*

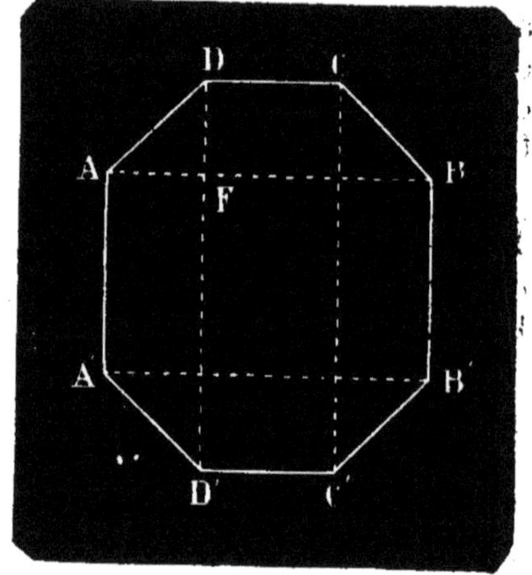

Fig. 144.

Rentré chez lui, il construit sur le papier un octogone semblable à celui du bassin (fig. 144). Pour cela, remplaçant le mètre par le millimètre, il tire une droite AA′ égale à 29mm,3; aux extrémités, il fait deux angles A′AD et AA′D′ de 135° en donnant 19mm,5 aux côtés AD et A′D′, et en continuant de la même manière, il trace les côtés DC et CB, D′C′ et C′B′. Il n'a plus qu'à joindre B à B′; puis trouvant que BB′ a 29mm,3, il voit que la figure est bien construite.

L'octogone formé par le bassin n'est pas régulier, puisque deux côtés ne sont pas égaux à tous les autres. Cependant, pour connaître sa surface, il sera plus facile de suivre la marche indiquée pour l'octogone régulier au n° 102.

Au moyen du triangle rectangle isoscèle ADF, on obtient d'abord

$$DF = \frac{AD}{2} \times \sqrt{2} = 9,75 \times 1,414 = 13,7865.$$

On a ensuite

$$AB = 13,7865 \times 2 + 19,5 = 47,073.$$

Connaissant ainsi les bases et la hauteur du rectangle ABB′A′ et des trapèzes égaux ABCD et A′B′C′D′, on calcule leur surface d'après la règle ordinaire et on trouve

$$\begin{array}{rr} ABB'A' = & 1379,2389 \\ 2ABCD = & 917,8086 \\ \hline \text{Surf. de l'octog.} = & 2297,0475 \end{array}$$

c'est-à-dire 2297 mètres carrés.

114. Échelle d'un plan. — Dans la construction d'un plan, on indique toujours quelle longueur on a adoptée pour représenter sur le papier l'unité de longueur du terrain. Par exemple, dans les constructions du n° 111, chaque mètre du terrain a été représenté par un millimètre; le rapport entre cette dernière longueur et le mètre est $\frac{1}{1000}$. On dit alors que le plan est à l'*échelle* de $\frac{1}{1000}$; en d'autres termes, chaque ligne du plan est la 1000e partie de la ligne correspondante du terrain.

On trouve un exemple de cette échelle sur les cartes géographiques, sous la forme d'une droite divisée en parties égales, dont chacune représente une distance de 1 ou 10 kilomètres, par exemple.

115. Rapport entre les surfaces de deux polygones semblables. — Soit un rectangle (ou un carré) ABCD (fig. 145). Si on rend les côtés du rectangle deux fois plus grands, le nouveau rectangle AB'C'D' contient quatre fois le premier, comme le montre la figure.

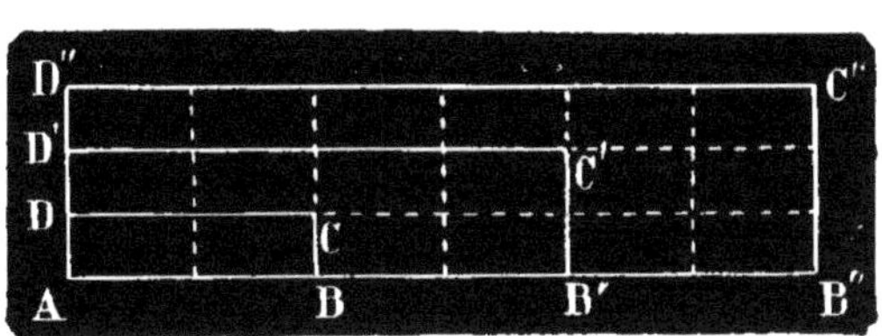

Fig. 145.

Si on rend les côtés trois fois plus grands, le nouveau rectangle AB''C''D'' contient neuf fois le premier. Ainsi le rapport des côtés du 2e rectangle et du 3e avec les côtés du 1er étant 2 et 3, le rapport de leur surface avec celle du 1er est marqué par la 2e puissance de 2 et 3.

Cela a lieu non-seulement pour deux rectangles semblables, mais pour deux polygones semblables quelconques. C'est ce qu'on exprime par le théorème suivant :

Le rapport des surfaces de deux polygones semblables est égal au carré du rapport de leurs côtés homologues.

Nous allons le démontrer : 1° pour deux triangles; 2° pour deux polygones d'un nombre quelconque de côtés.

1° Supposons que dans les deux triangles semblables ABC et A'B'C' (fig 146) les côtés du plus grand soient le triple des côtés homologues du plus petit; la base AC et la hauteur BD du premier seront le triple de la base A′C′ et de la hauteur B′D′ du second.

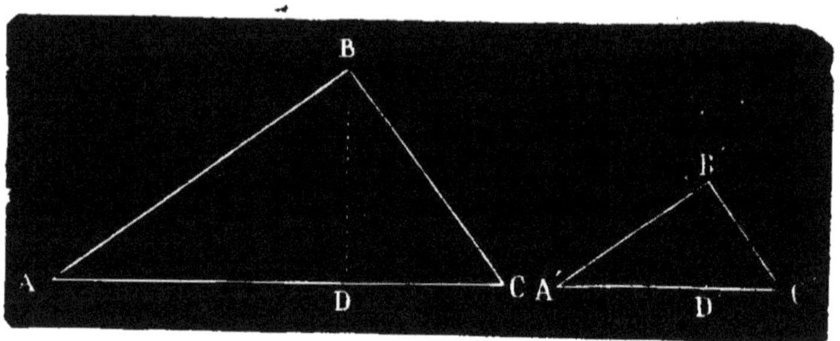

Fig. 146.

Pour abréger, désignons par b la base A′C′ et par h la hauteur B′D′; la grande base AC sera $3b$ et la hauteur BD sera $3h$. Or les surfaces des deux triangles sont

$$A'B'C' = \frac{b \times h}{2} = \frac{bh}{2},$$

$$ABC = \frac{3b \times 3h}{2} = \frac{bh}{2} \times 9.$$

On voit par là que la surface du plus grand triangle vaut 9 fois la surface du plus petit, pendant que les côtés du plus grand sont seulement le triple des côtés homologues de l'autre.

Or 9 le rapport des surfaces est le carré de 3 qui est le rapport des côtés homologues.

2° Soit les deux polygones semblables ABCDE et A′B′C′D′E′ (fig. 147), dans lesquels les côtés du plus grand sont par exemple le triple des côtés du plus petit.

Tirons les diagonales des deux sommets homologues A et A′; les triangles ainsi formés sont semblables, m à m', n à n', p à p', et les côtés de chaque triangle du plus grand polygone sont le triple des côtés homologues du triangle semblable dans le plus petit.

Or on a, d'après ce qui vient d'être démontré,

$$m = 9 \text{ fois } m',$$

$$n = 9 \text{ fois } n',$$

$$p = 9 \text{ fois } p'.$$

En faisant la somme de ces égalités membre à membre, on trouve

$$m + n + p = 9 \text{ fois } (m' + n' + p').$$

Ainsi le plus grand polygone vaut 9 fois le plus petit, ce qui démontre le théorème énoncé.

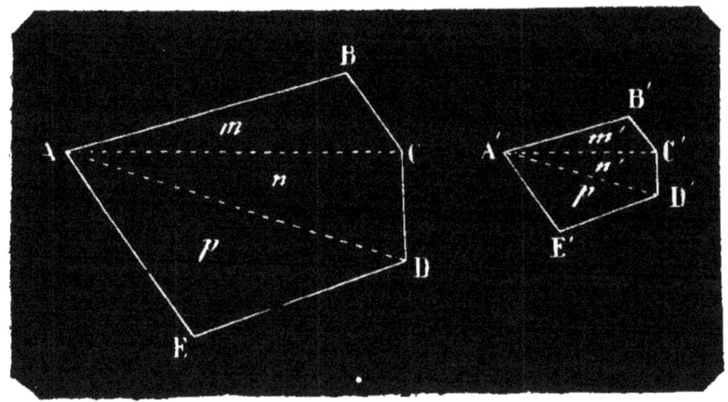

Fig. 147.

Remarque. — Deux polygones réguliers d'un même nombre de côtés sont toujours semblables; il en est de même de deux cercles.

Donc, si les côtés d'un hexagone réguliers ont, par exemple, les $\frac{5}{7}$ des côtés d'un autre hexagone régulier, la surface du plus petit est les $\frac{25}{49}$ de la surface du plus grand.

Si les rayons de deux cercles sont l'un 2, 3, 4... fois plus grand que l'autre, la surface du plus grand vaut 4 fois, 9 fois, 16 fois... celle du plus petit.

CHAPITRE XIII

QUADRATURE DES SURFACES. — MOYENNE PROPORTIONNELLE.

116. Problème. — *Trouver un carré équivalent à un rectangle donné.*

1° Supposons que le rectangle soit un jardin dont la longueur aurait par exemple 125 mètres et la largeur 81 mètres.

On multiplie d'abord 215 par 81, ce qui donne 10 125 mètres carrés pour la surface.

Pour connaître le côté du terrain carré qui aurait cette même surface, il faut chercher le nombre qui, multiplié

7

par lui-même, produirait 10125, c'est-à-dire extraire la racine carrée de 10 125.

En effectuant l'opération, on trouve 100^{m},62.

DÉFINITION. — *Un nombre dont le carré est égal au produit de deux autres nombres est dit moyen proportionnel entre ces deux nombres.*

On l'appelle ainsi, parce qu'il forme les deux moyens d'une proportion dont les deux autres nombres sont les extrêmes. Par exemple, 6 est moyen proportionnel entre 4 et 9 ; car on a la proportion

$$\frac{4}{6}=\frac{6}{9}$$

d'où l'on tire $$6^2=4\times 9.$$

2° Soit maintenant le rectangle ABCD (fig. 148); il s'agit de trouver, à l'aide de la règle et du compas, le côté du carré qui serait équivalent à ce rectangle.

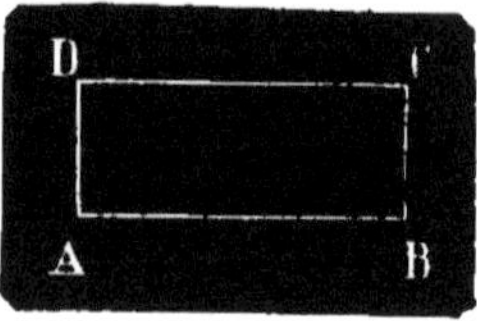

Fig. 148.

La droite dont le carré est équivalent au rectangle formé par deux autres droites est dite moyenne proportionnelle entre ces deux droites.

La construction de cette ligne dépend du théorème suivant.

117. Théorème. — *La perpendiculaire abaissée d'un point de la circonférence sur le diamètre est moyenne proportionnelle entre les deux segments qu'elle détermine sur ce diamètre.*

Soit AD perpendiculaire (fig. 149) au diamètre BC; tirons les cordes AB et AC. Le triangle ABC ainsi formé est rectangle; car l'angle inscrit BAC a pour mesure la moitié de la demi-circonférence BFC interceptée entre ses côtés.

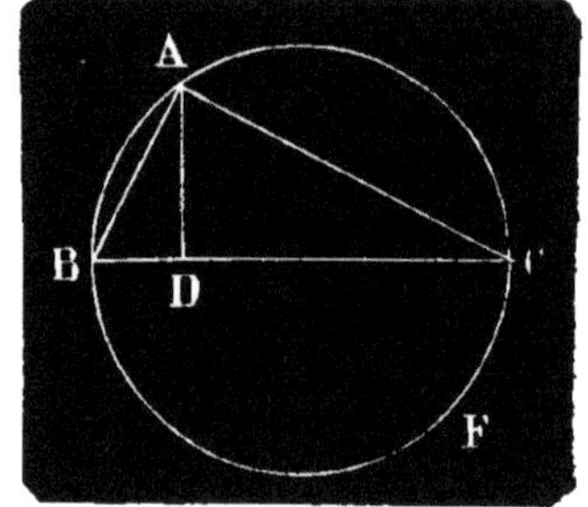

Fig. 149.

Le triangle rectangle partiel ABD est semblable au triangle total ABC. En effet, ils ont chacun un angle droit et l'angle B leur est commun; le troisième angle est donc égal aussi, et par suite les deux triangles sont semblables. De même le triangle partiel ADC est semblable au triangle total ABC.

Les deux triangles ABD et ADC sont donc eux-mêmes semblables. Leurs côtés homologues étant proportionnels, le rapport entre BD, le plus petit côté de l'angle droit du premier triangle, et AD, le plus petit côté de l'angle droit du second, est égal au rapport entre AD, le plus grand côté de l'angle droit du premier triangle, et DC, le plus grand côté de l'angle droit du second. C'est ce qu'on écrit par la proportion suivante :

$$\frac{BD}{AD}=\frac{AD}{DC}.$$

On en tire

$$AD^2=BD\times DC.$$

Remarques. — 1° En comparant chaque triangle partiel au triangle total, on trouve de la même manière :

$$AB^2=BC\times BD,$$
$$AC^2=BC\times CD.$$

Ainsi *chaque corde est moyenne proportionnelle entre le diamètre mené d'une de ses extrémités et la partie du diamètre déterminée par la perpendiculaire abaissée de l'autre extrémité.*

2° Tout ce qui précède peut être résumé de la manière suivante.

La perpendiculaire abaissée du sommet de l'angle droit d'un triangle rectangle sur l'hypoténuse partage ce triangle en deux triangles rectangles, qui sont semblables entre eux et au triangle total.

Cette perpendiculaire est moyenne proportionnelle entre les deux segments qu'elle détermine sur l'hypoténuse.

Chaque côté de l'angle droit du triangle rectangle total est moyen proportionnel entre l'hypoténuse et le segment correspondant de l'hypoténuse[1].

118. Construction de la moyenne proportionnelle entre deux droites. — Soient M et N (fig. 150)

1. Voir à la fin, au *Chapitre supplémentaire*, un autre théorème relatif à la moyenne proportionnelle entre deux droites.

la base et la hauteur d'un rectangle : pour trouver leur moyenne proportionnelle, on porte l'une à la suite de l'autre sur une droite indéfinie AB une longueur AC = M et une longueur CD = N. Sur leur somme AD prise pour diamètre, on décrit une demi-circonférence, et on élève au point de jonction C une perpendiculaire au diamètre. Cette perpendiculaire CE, terminée à la rencontre de la circonférence, est, d'après le théorème précédent, la droite cherchée.

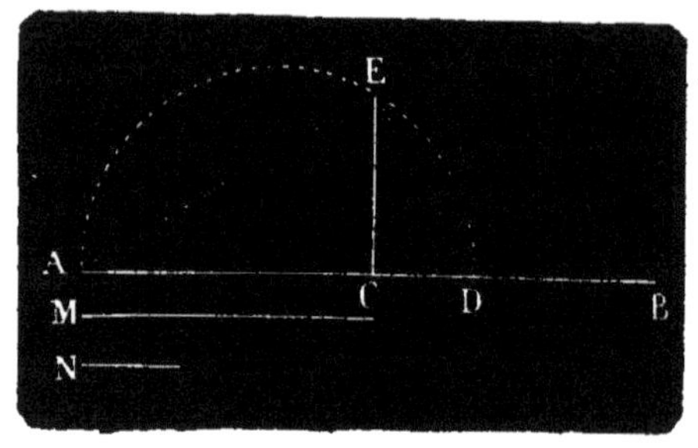

Fig. 150.

Le carré dont les côtés seraient égaux à CE aurait la même surface que le rectangle dont la droite M serait la base et la droite N la hauteur.

REMARQUE. — Pour éviter une trop grande longueur dans la figure, on peut aussi porter les deux droites M et N l'une sur l'autre (fig. 151) à partir de la même extrémité C, en CA et CD ; décrire sur la plus grande prise pour diamètre une demi-circonférence et lui élever la perpendiculaire DE. La droite cherchée est alors CE ; car cette corde est moyenne proportionnelle entre CA et CD, d'après ce qui a été démontré dans le n° précédent.

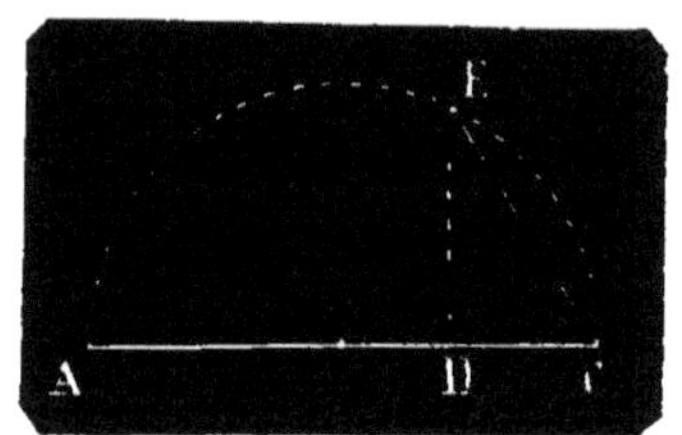

Fig. 151.

119. Quadrature d'un polygone. — Pour trouver un carré équivalent à un triangle, on cherche une moyenne proportionnelle entre la base et la moitié de la hauteur, ou entre la hauteur et la moitié de la base.

Pour un parallélogramme, on cherche la moyenne proportionnelle entre la hauteur et la base ; pour un trapèze, la moyenne proportionnelle entre la hauteur et la demi-somme des bases.

Quand il s'agit d'un polygone d'un nombre quelconque de côtés, il faut d'abord le transformer en un triangle équivalent et chercher ensuite la moyenne proportionnelle entre la base et la moitié de la hauteur de ce triangle.

120. Transformer un polygone en un triangle équivalent. — Soit le pentagone ABCDE (fig. 152). Il faut d'abord le changer en un quadrilatère équivalent, puis le quadrilatère en un triangle équivalent.

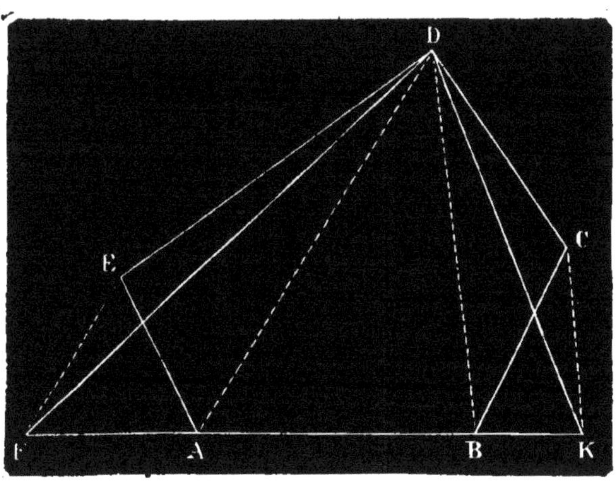

Fig. 152.

Menons la diagonale DA ; elle détache du pentagone le triangle DAE, qu'il s'agit de remplacer par un triangle équivalent, ayant un de ses côtés sur le prolongement de BA.

Pour cela, on mène du sommet E la droite EF parallèle à la diagonale DA, jusqu'à la rencontre du prolongement du côté BA en F ; on tire DF et le triangle DAF est équivalent au triangle DAE. En effet, ils ont la même base AD, et leurs sommets F et E sont à la même distance de cette base. En remplaçant le triangle AED par le triangle AFD, on a le quadrilatère DFBC, qui est équivalent au pentagone.

En remplaçant de la même manière à droite le triangle BDC par le triangle équivalent BDK, on a le triangle DFK équivalent au quadrilatère, et par conséquent au pentagone.

Pour avoir le côté du carré équivalent au pentagone, il ne reste plus qu'à chercher la moyenne proportionnelle entre la moitié de la base FK de ce triangle et la hauteur qui serait abaissée du sommet D sur cette base.

121. Construire un polygone semblable à un polygone donné et ayant avec la surface de celui-ci un rapport donné. — Supposons que le polygone ABCDE (fig. 153) étant le plan d'un domaine, le

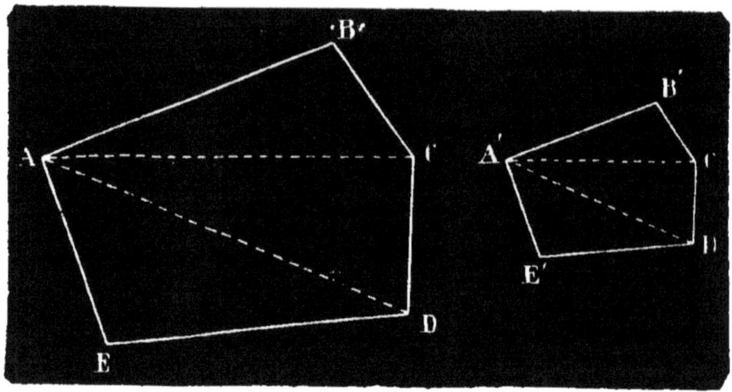

Fig. 153.

propriétaire veuille en avoir un plus petit, dont la surface soit par exemple le tiers de l'autre.

On décompose d'abord le plan en triangles par les diagonales AC et AD. Il s'agit de chercher le côté A′B′ qu'il faut prendre comme homologue de AB, pour construire un triangle A′B′C′ qui soit le tiers du triangle ABC. Or le rapport de deux triangles semblables étant égal au rapport des carrés des côtés homologues, le carré du côté inconnu A′B′ doit être le tiers du carré du côté AB, de sorte qu'on doit avoir l'égalité

$$A'B'^2 = \frac{AB^2}{3} \qquad \text{ou} \qquad A'B'^2 = AB \times \frac{AB}{3}.$$

On voit que le côté cherché A′B′ est une droite moyenne proportionnelle entre AB et le tiers de AB.

Cette moyenne proportionnelle, étant trouvée d'après la règle du n° 118, la construction du polygone est facile. On forme, aux extrémités de la droite A′B′ les angles A′ et B′ égaux aux angles BAC et ABC, ce qui donne le triangle A′B′C′; puis sur A′C′ un triangle A′C′D′ semblable au triangle ACD, et enfin sur A′D′ un triangle A′D′E′ semblable au triangle ADE. Le polygone A′B′C′D′E′ est le plan demandé.

Ainsi il suffit de construire une seule moyenne proportionnelle.

DEUXIÈME PARTIE

FIGURES DANS L'ESPACE

CHAPITRE PREMIER

DROITES ET PLANS.

122. Du plan. — On sait déjà *qu'un plan est une surface telle qu'une droite qui y est placée dans une direction quelconque coïncide avec elle dans toute son étendue.*

Dans cette deuxième partie, il sera souvent question d'un plan considéré comme s'il était isolé de tout corps. Il convient de se le représenter alors comme une feuille de papier bien unie, parfaitement tendue en tous sens et ayant l'épaisseur la plus mince possible.

Dans les figures, on lui donne ordinairement la forme d'un parallélogramme ou quelquefois d'un triangle, quoiqu'on doive toujours le regarder comme ayant une étendue indéfinie.

Quand deux plans se coupent, leur intersection est une ligne droite.

Exemples : le pli d'une feuille de papier; l'arète le long de laquelle se rencontrent deux faces contiguës d'une caisse, d'un mur.

Par deux points ou par une ligne droite on peut faire passer une infinité de plans.

Exemple : les feuillets d'un cahier.

Par trois points non en ligne droite, ou par deux droites qui se coupent, on ne peut mener qu'un plan.

Un plan a une position déterminée, quand il s'applique sur trois points non en ligne droite. Par exemple, une porte qui tourne autour de la droite passant par les deux gonds a une position fixe, dès qu'elle est arrêtée par un point tel que le pène de la serrure.

123. Droite perpendiculaire à un plan. — *Une droite qui perce un plan sans pencher d'aucun côté est dite* PERPENDICULAIRE *à ce plan.*

Exemples : le fil à plomb par rapport à un plancher ; une barre de fer par rapport à la surface du mur où elle est encastrée horizontalement par un bout pour porter une enseigne ou une lanterne ; les pieds d'une table ordinaire par rapport à la surface de la table.

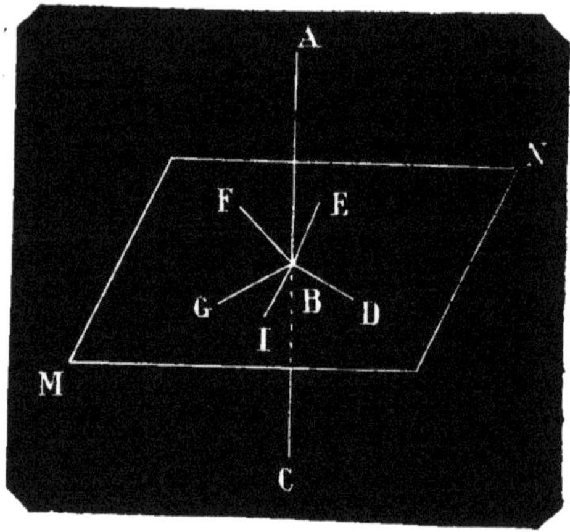

Fig. 154.

La perpendiculaire AB au plan MN (fig. 154) forme des angles droits avec toutes les droites BD, BE, etc., menées par son pied B dans le plan.

124. Mener une perpendiculaire à un plan par un point donné. — On se sert pour cela d'une double équerre, formée de deux équerres triangulaires (fig. 155), ayant un côté de l'angle droit commun et pouvant tourner autour de ce côté, qui sert de charnière. Soit A le point par lequel doit passer la perpendiculaire au plan MN, ce point étant pris sur le plan ou hors de ce plan. On pose l'équerre entr'ouverte sur le plan par les deux côtés non communs de l'angle droit et de manière que la charnière passe par le point A. En appliquant une droite le long de cette charnière, on a la droite perpendiculaire au plan.

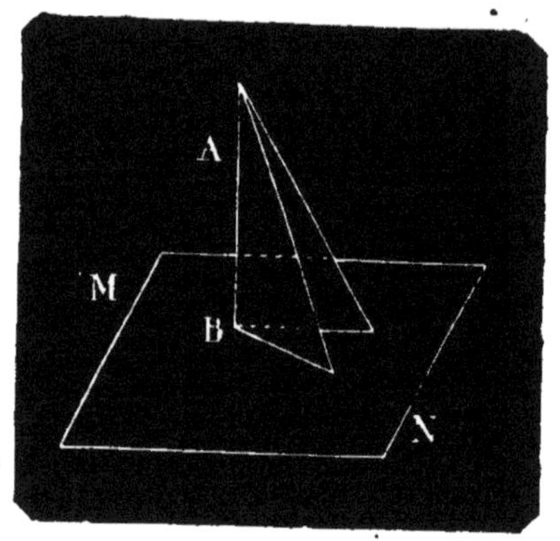

Fig. 155.

Remarque. — *Il suffit qu'une droite qui perce un plan soit perpendiculaire à deux droites menées par son pied dans le plan pour qu'elle soit perpendiculaire à toutes les autres droites tracées par son pied dans ce plan.*

Exemple. — Le charpentier fait une application de ce principe pour scier une poutre perpendiculairement à la direction de ses arêtes par un point C (fig. 156). Sur les faces contiguës à l'arête où est le point C, il trace deux droites CD et CF perpendiculaires à l'arête, et c'est le long de ces deux droites qu'il conduit la scie.

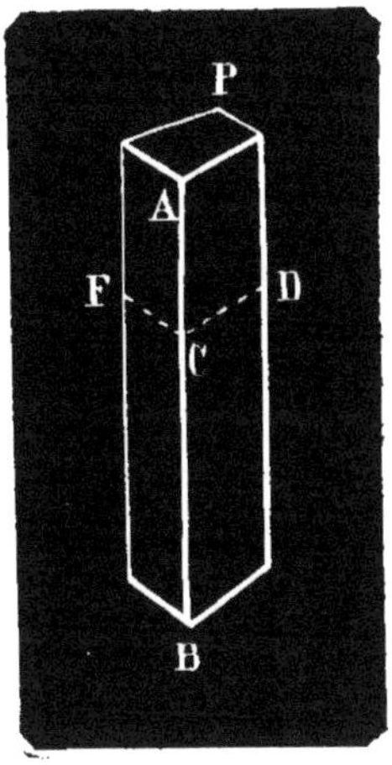

Fig. 156.

125. Droite oblique à un plan. — *Par un point, on ne peut mener qu'une seule droite perpendiculaire à un plan.*

Par exemple la droite AB (fig. 157) étant perpendiculaire au plan MN, toutes les autres droites passant par ce point A, telles que AC, AD, etc., sont dites *obliques* au plan.

Exemple. — Une canne qu'on laisse traîner par son extrémité inférieure sur le sol est oblique à la surface plane du sol.

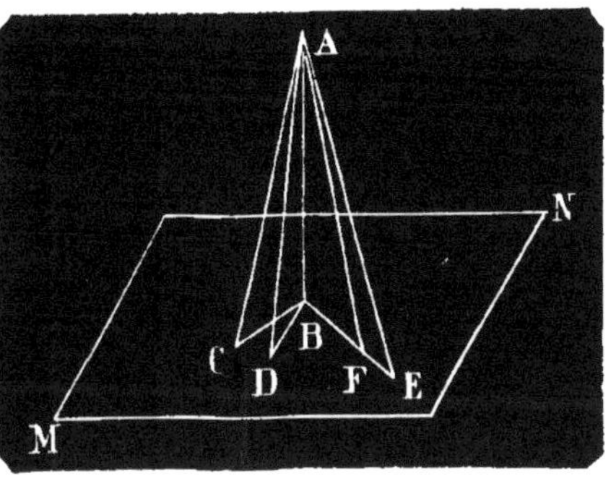

Fig. 157.

La perpendiculaire et les obliques abaissées d'un même point A sur un plan MN jouissent des propriétés suivantes.

1° *La perpendiculaire est la plus courte distance entre le point et le plan.*

2° *Les obliques qui ont leurs pieds à égale distance du pied* B *de la perpendiculaire sont égales, par exemple* AC, AD, AF.

3° *De deux obliques* AE, AF, *qui s'écartent inégalement du pied de la perpendiculaire, la plus éloignée* AE *est la plus longue.*

126. Inclinaison de l'oblique sur un plan. — *L'inclinaison d'une droite sur le plan qu'elle perce est mesurée* *par le plus petit des angles qu'elle forme avec les diverses droites menées par son pied dans le plan.*

Soit la droite AB oblique au plan MN (fig. 158). Pour avoir le plus petit de ces angles, il faut abaisser d'un point quelconque A de l'oblique une perpendiculaire AC au plan, et joindre le pied de cette perpendiculaire au pied de l'oblique; l'angle ABC ainsi formé est l'angle qui mesure l'inclinaison de l'oblique sur le plan.

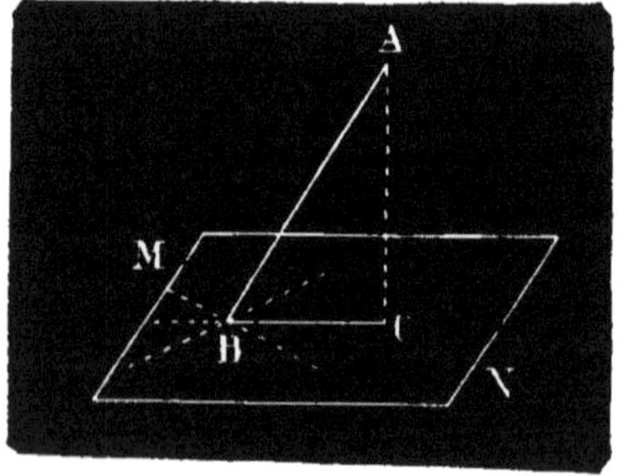

Fig. 158.

REMARQUE. — La droite BC est dite la *projection* de la droite AB sur le plan.

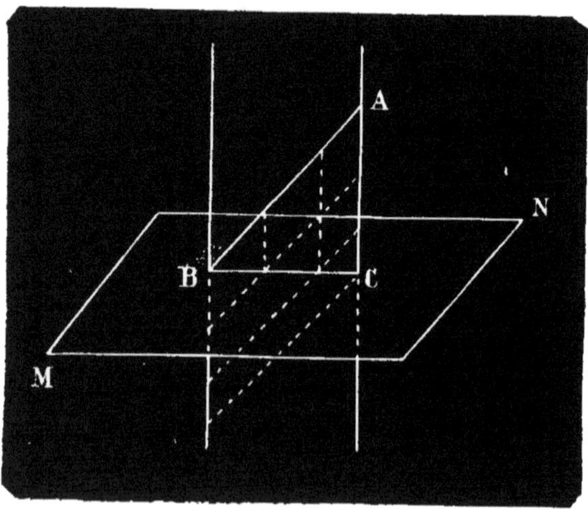

Fig. 158 *bis*.

En général, *la projection d'une droite sur un plan est la droite qui unit les pieds des perpendiculaires abaissées des deux extrémités de la droite sur le plan.*

On l'a ainsi désignée, parce que si l'on suppose que deux droites percent perpendiculairement le plan (fig. 158 *bis*), l'une en B et l'autre en C, et que la droite AB glisse le long de ces deux droites comme entre deux rainures sur lesquelles s'appuieraient ses deux extrémités, elle découpe sur le plan, en le traversant, la droite BC elle-même.

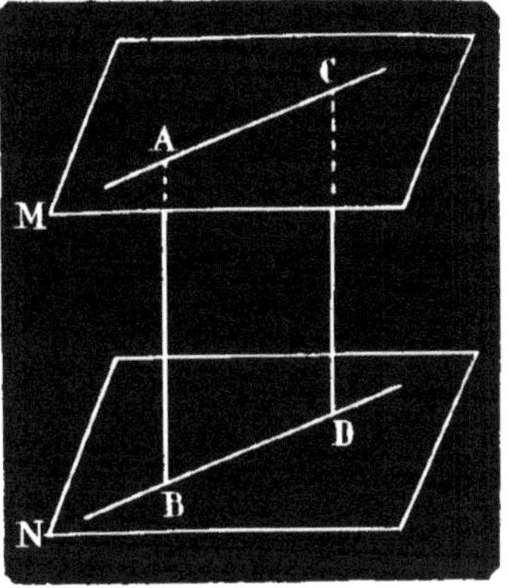

Fig. 159.

127. Plans parallèles. — *Quand deux plans sont perpendiculaires à une même droite, ils ne peuvent jamais se rencontrer.* On les appelle *plans parallèles.*

Tels sont les plans M et N (fig. 159), lorsque la droite AB est perpendiculaire à ces deux plans.

La distance qui les sépare est mesurée par la droite menée d'un point de l'un perpendiculairement à l'autre.

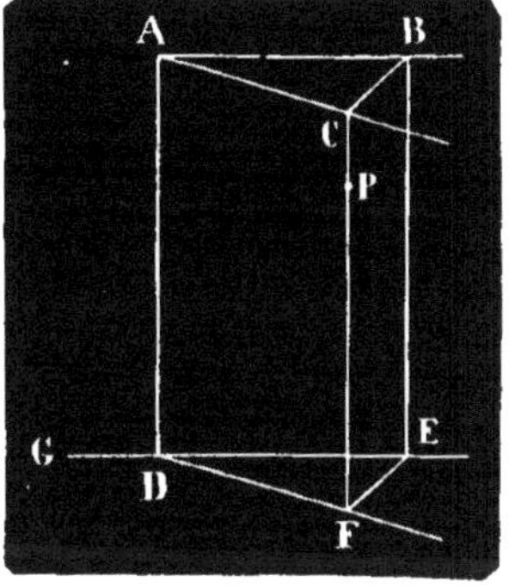

Fig. 160.

Elle est partout la même entre les deux plans; par exemple les droites AB et CD perpendiculaires aux plans sont égales.

On trouve un exemple de deux plans parallèles dans le parquet et le plafond d'une chambre; dans les deux murs opposés quand le parquet est rectangulaire.

Pour établir un plan parallèle à un plan DEF (fig. 160), *il suffit d'élever à ce plan trois perpendiculaires égales* DA, EB, FC *et d'appliquer un plan sur les trois points* A, B, C.

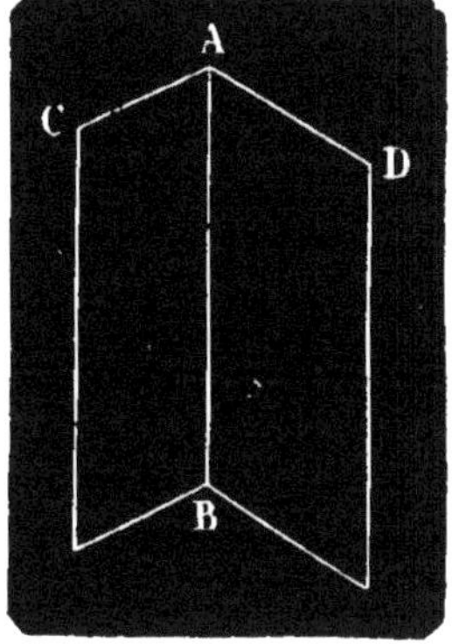

Fig. 161.

128. Angle dièdre. — Une feuille de papier pliée en deux, et plus ou moins entr'ouverte, forme une figure analogue à l'angle de deux droites; on l'appelle ANGLE DIÈDRE (fig. 161). Il en est de même de celle que présentent deux murs qui se rencontrent.

L'angle dièdre est donc la figure formée par deux plans qui se coupent en se terminant à la droite d'intersection.

La droite d'intersection AB est l'ARÊTE de l'angle dièdre; les deux plans en sont les FACES. Pour désigner un angle dièdre, on place une lettre sur chaque face et deux sur l'arête, et on lit ces quatre lettres en mettant celles de l'arête entre les deux autres. On dira par exemple : l'angle dièdre CABD.

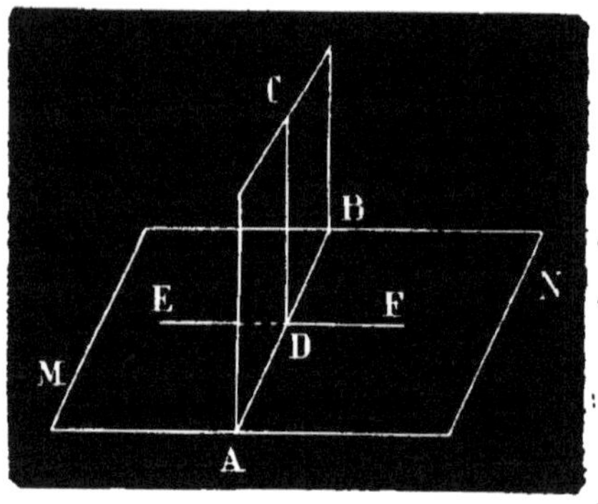

Fig. 162.

129. Plans perpendiculaires entre eux. — Lorsqu'un plan CAB (fig. 162) en rencontre un autre MN, sans pencher plus d'un côté que de l'autre sur le second, les deux angles dièdres adjacents qu'ils forment CABM et CABN sont égaux. Les deux plans dans cette position sont dits PERPENDICULAIRES entre eux, et les deux angles dièdres sont appelés ANGLES DIÈDRES DROITS.

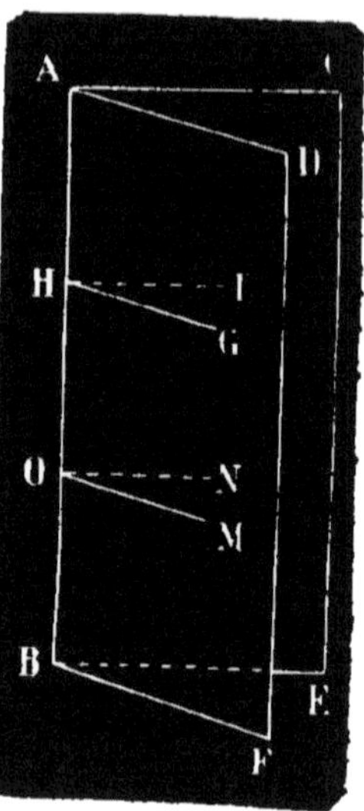

Fig. 163.

130. Mesure de l'angle dièdre. — On a souvent besoin de mesurer un angle dièdre. Prenons pour exemple celui que forment les deux murs de la classe.

Soit CABF cet angle dièdre (fig. 163). Par un même point de l'arête, on mène dans les deux faces deux droites perpendiculaires à cette arête, par exemple HI et HG, ou ON et OM. Les angles rectilignes GHI et MON ayant leurs côtés respectivement parallèles sont égaux. L'un quelconque de ces angles est appelé *angle rectiligne correspondant* de l'angle dièdre.

C'est le nombre de degrés de cet angle qui mesure la grandeur de l'angle dièdre. Si par exemple l'angle MON a 60 degrés, on dit que l'angle dièdre a 60 degrés ; cela signifie que cet angle dièdre vaut 60 fois la 90e partie d'un angle dièdre droit.

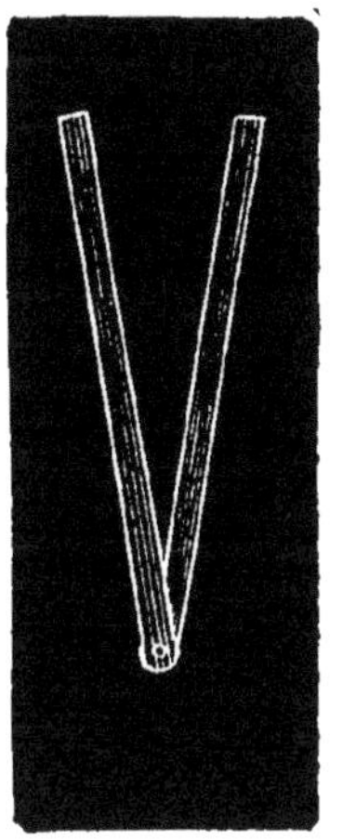

Fig. 164.

La mesure de l'angle dièdre, de deux murs par exemple, se prend au moyen d'un instrument fort simple, nommé *fausse équerre* (fig. 164). Il se compose de deux règles qui tournent autour d'une extrémité commune, comme les branches d'un compas. S'il s'agit de l'angle formé à l'intérieur par les deux murs, on applique les deux branches de la fausse équerre le long des côtés de l'angle rectiligne MON (fig. 163). On pose ensuite la fausse équerre sur le papier ; on trace deux droites le long des bords extérieurs des deux règles, et on a l'angle rectiligne qui donne la mesure de l'angle des deux murs.

Si l'on devait mesurer l'angle dièdre extérieur, on mettrait la fausse équerre à cheval sur les faces des deux murs, et en la rapportant sur le papier on tracerait les droites le long des deux bords intérieurs des deux règles.

131. Angle trièdre. — L'encoignure formée par la rencontre d'un plancher et de deux murs est nommée ANGLE TRIÈDRE. Dans cet exemple, les trois faces sont des angles droits. Dans d'autres elles peuvent être des angles aigus ou même obtus ; mais leur somme est toujours inférieure à 4 angles droits.

Quand cet angle a plus de trois faces, on l'appelle ANGLE POLYÈDRE. C'est ce qu'on voit dans les clochers en flèche.

CHAPITRE II

DES POLYÈDRES.

132. Polyèdres. — *On appelle* POLYÈDRE *la figure que présente un corps terminé de toutes parts par des plans* [1].

1. Les noms donnés aux corps géométriques, tels que *polyèdre*, *prisme*, *cylindre*, *pyramide*, *cône*, *sphère*, *zone* ont été empruntés

Ces plans en se coupant forment des polygones qui sont les FACES du polyèdre; les droites le long desquelles se joignent les faces sont nommées ARÊTES.

Une caisse ordinaire, une pierre taillée à faces planes, une poutre équarrie, une planche sont des polyèdres.

Le polyèdre qui a le moins de faces en a quatre (fig. 165). Ces faces sont quatre triangles. On l'appelle TÉTRAÈDRE.

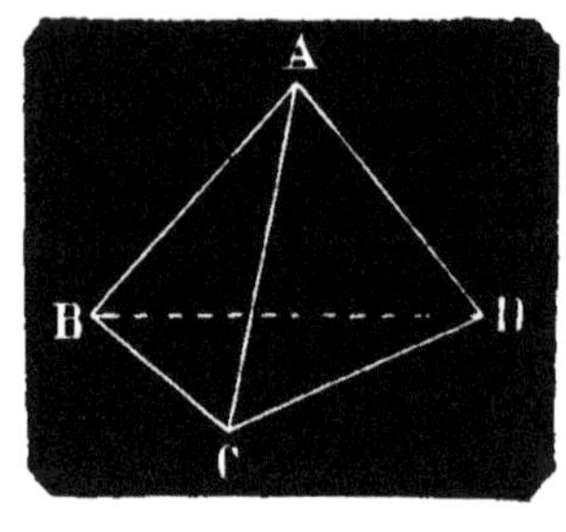

Fig. 165.

Quatre autres polyèdres ont reçu des noms analogues. On appelle HEXAÈDRE celui qui a 6 faces; OCTAÈDRE, celui qui a 8 faces; DODÉCAÈDRE, celui qui a 12 faces; ICOSAÈDRE, celui qui a 20 faces.

Les polyèdres peuvent être divisés en deux grandes classes : le **PRISME** et la **PYRAMIDE.**

PRISME ET CYLINDRE

133. Prisme. — *Le* PRISME *est un polyèdre dans lequel deux faces opposées sont des polygones égaux et parallèles, et dont les autres faces sont des parallélogrammes.*

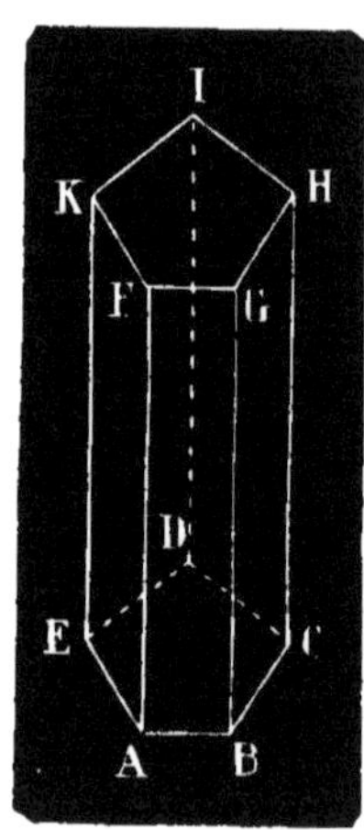

Fig. 166.

Les deux polygones égaux et parallèles sont les BASES du prisme; la perpendiculaire abaissée d'un point quelconque de l'une sur le plan de l'autre est la HAUTEUR.

Un prisme est DROIT, quand les arêtes qui unissent les bases sont perpendiculaires aux bases (fig. 166). Dans ce cas, ces arêtes sont elles-mêmes la hauteur du prisme, et les faces latérales sont des rectangles.

Il est OBLIQUE quand ses arêtes latérales sont obliques au plan de la base (fig. 167). Dans ce cas, la hauteur peut

au grec. *Èdre*, dans les noms où il entre, signifie *face plane*; *polyèdre*, corps à plusieurs faces planes.

tomber au dehors du prisme, sur le prolongement du plan de la base, comme la hauteur DH.

On dit que le prisme est TRIANGULAIRE, QUADRANGULAIRE, PENTAGONAL, HEXAGONAL, OCTOGONAL, suivant que sa base est un *triangle* (fig. 167), un *quadrilatère* (fig. 168), un *pentagone* (fig. 166), un *hexagone*, un *octogone*.

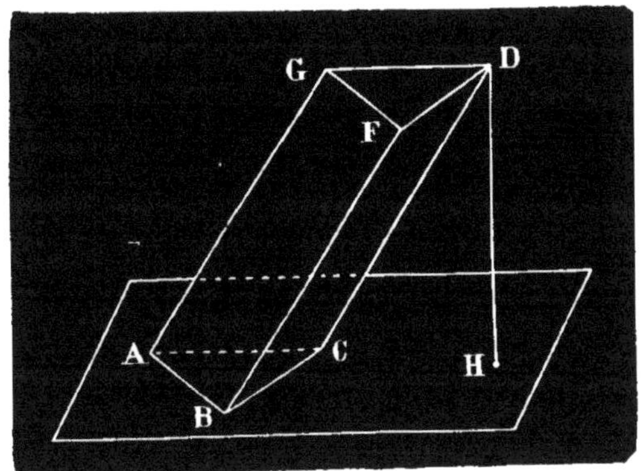

Fig. 167.

• **134. Parallélipipède** [1]. — *On appelle* PARALLÉLIPIPÈDE *un prisme qui a pour base un parallélogramme* (fig. 168.)

Les six faces sont toutes des parallélogrammes et les parallélogrammes opposés sont égaux et parallèles. On peut donc dans un parallélipipède prendre pour bases deux faces opposées quelconques.

Le parallélipipède est parmi les polyèdres ce que le parallélogramme est parmi les polygones.

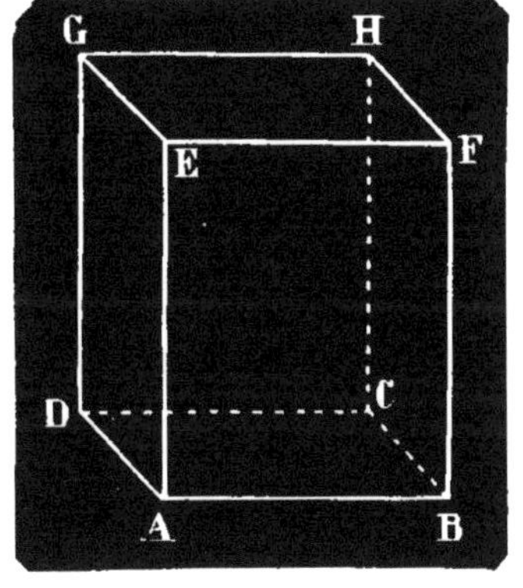

Fig. 168.

Parallélipipède rectangle.— Quand le parallélipipède est droit et que ses bases sont des rectangles, on le nomme PARALLÉLIPIPÈDE RECTANGLE.

Ses six faces sont des rectangles égaux deux à deux,

1. Malgré l'étymologie, qui exigerait *parallélépipède*, la syllabe *li* a été probablement appelée par l'oreille à la place de la syllabe *lé*, dont la répétition est quelque peu désagréable. Mais qu'on dise *li* ou *lé*, ce nom, que la géométrie a emprunté au grec, n'en est pas moins ennuyeux par sa longueur démesurée, et si les puristes qui ont demandé et obtenu le rétablissement de la syllabe *lé* avaient été

et chacune des douze arêtes est perpendiculaire aux deux faces qu'elle joint l'une à l'autre.

Les trois arêtes qui partent d'un même sommet, par exemple AB, AD et AE, mesurent les trois dimensions du parallélipipède : la longueur, la largeur et la hauteur.

Cette forme se montre partout. On la voit dans les carreaux de brique employés pour les constructions, dans une caisse ordinaire à six faces plates, dans une poutre équarrie, dans la règle de bois ou carrelet dont les écoliers se servent pour tracer des lignes droites sur le papier.

135. Cube. — Quand les trois dimensions du parallélipipède rectangle sont égales, on le nomme CUBE. Le cube est formé par six carrés égaux ; il est parmi les polyèdres ce que le carré est parmi les polygones [1].

On appelle *mètre cube* le cube dont les arètes ont un mètre ; *décimètre cube*, celui dont les arêtes ont un décimètre ; *centimètre cube*, celui dont les arêtes ont un centimètre.

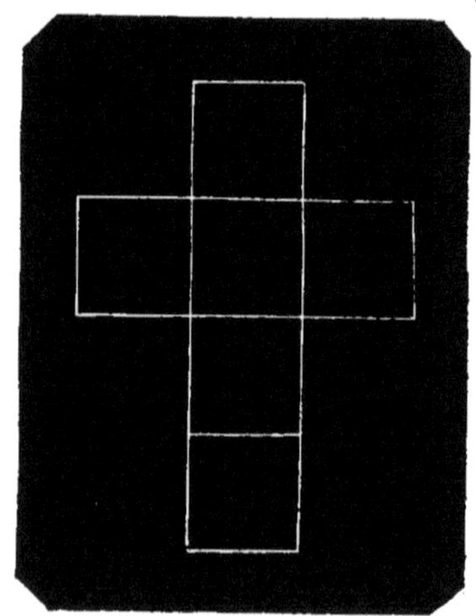

Fig. 169.

Pour construire un cube, il suffit d'assembler six planchettes carrées égales en les joignant par leurs bords. Si l'on veut en former un avec une feuille de carton, voici comment il faut la découper.

Supposons qu'il s'agisse d'obtenir un décimètre cube.

mieux inspirés, ils auraient abandonné *parallélépipède* aussi bien que *parallélipipède* et cherché une autre dénomination. Pourquoi n'adopterait-on pas *parallélèdre*, qui est de la même famille que *polyèdre, hexaèdre, octaèdre*, et qui signifie corps à *faces parallèles*, aussi bien que parallélépipède ? S'il n'est pas plus harmonieux, il est au moins plus court.

1. Dans le cube, toutes les faces sont égales et forment entre elles des angles dièdres droits ; les angles trièdres sont tous égaux comme étant formés par trois angles droits ; toutes les arêtes sont égales. Le cube est pour cette raison un *polyèdre régulier*. On trouvera au *Chapitre supplémentaire* une note sur les autres polyèdres réguliers.

On trace sur le milieu du carton un décimètre carré (fig. 169); on prolonge les côtés d'un décimètre sur trois côtés du carré et de deux décimètres sur le quatrième côté. En joignant les extrémités des prolongements parallèles, on a une figure en forme de croix, qui, repliée le long des côtés des carrés, formera un décimètre cube. Avec les dimensions de la figure 169, on aurait un centimètre cube.

136. Prisme régulier. — Quand un prisme est droit et qu'il a pour base un polygone régulier, il est appelé PRISME RÉGULIER (fig. 170).

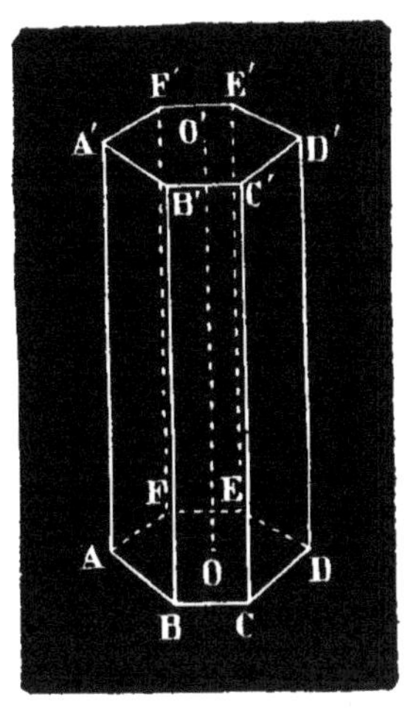

Fig. 170.

Dans ce cas, toutes les faces latérales sont des rectangles égaux, perpendiculaires sur les bases; elles forment deux à deux le long des arêtes latérales des angles dièdres égaux.

La droite O'O, qui joint les centres des deux bases, est l'AXE du prisme régulier.

On trouve des exemples de prismes réguliers dans les carreaux à six côtés employés pour le dallage, dans la forme des bassins à six ou huit côtés qu'on voit souvent dans les jardins publics des villes, dans l'équerre d'arpenteur (fig. 198).

La règle de bois des écoliers est un prisme régulier, quand les deux bouts sont des carrés égaux.

137. Cylindre. — Qu'un écolier ait la fantaisie d'arrondir une petite règle qui est carrée aux deux bouts; il n'a pas besoin qu'on lui indique comment il doit s'y prendre. Avec son couteau, il enlève d'une extrémité à l'autre les quatre arêtes, puis les huit qu'il a obtenues, et ainsi de suite. En même temps que ces arêtes deviennent de plus en plus nombreuses, les faces deviennent de plus en plus étroites et finissent par présenter dans leur ensemble une surface ronde, comme celle d'un crayon. Tout corps qui a cette forme est nommé CYLINDRE.

Le CYLINDRE *peut donc être regardé comme un prisme régulier ayant deux cercles pour bases et une infinité de rectangles infiniment étroits pour faces latérales.*

On voit la forme du cylindre partout; c'est celle qu'on donne aux tuyaux en poterie, en tôle, en fonte, en plomb, etc.

CYLINDRE CREUX. — Pour former un cylindre creux, on enroule une feuille rectangulaire de papier, de carton, de fer-blanc, en amenant deux côtés opposés l'un sur l'autre, et en ayant soin que les deux extrémités forment deux cercles.

CYLINDRE ELLIPTIQUE. — Au lieu d'un cercle, la base pourrait être une ellipse, comme dans certaines tabatières, certains étuis. C'est encore un cylindre, mais on doit ajouter le mot *elliptique*, pour le distinguer du véritable cylindre, qui a pour base un cercle : c'est toujours de celui-ci qu'il est question, quand on dit simplement un cylindre.

Autre définition. — Pour compléter ce qui a été dit du cylindre, nous devons donner ici la définition ordinaire : *Le cylindre est le corps engendré par un rectangle tournant autour d'un de ses côtés qui reste fixe.*

Le côté fixe est l'axe (fig. 171). Le côté AD parallèle à l'axe CE décrit la surface latérale ou surface courbe; les deux autres côtés CA et ED décrivent les cercles qui sont les bases.

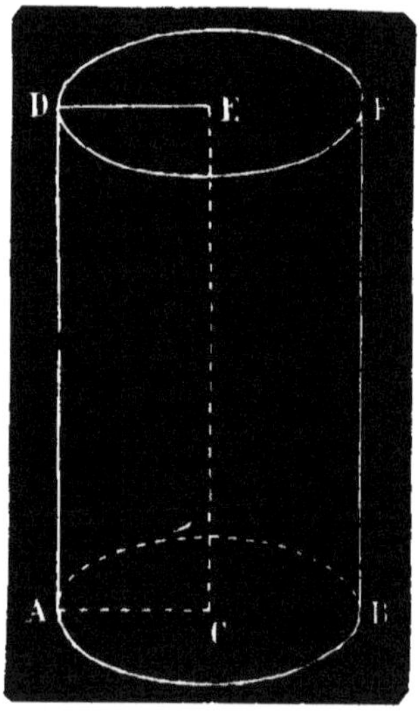

Fig. 171.

138. Mesure de la surface latérale d'un prisme droit. — *La surface latérale d'un prisme droit est égale au produit de la hauteur par le périmètre de la base.*

En effet cette surface se compose de rectangles de même hauteur que le prisme. Or, si on imagine qu'on la déplie, comme un paravent, pour ramener la seconde face sur le prolongement de la première, la troisième sur le prolongement des deux autres, et ainsi de suite, la surface latérale est changée en un rectangle de même hauteur que le prisme, et dont la base est égale au périmètre de la base du prisme.

On applique ce théorème, quand on a à calculer, par exemple, la surface totale des murs d'une chambre.

139. Surface latérale d'un cylindre. — Cette surface s'évalue comme celle du prisme droit.

La surface latérale d'un cylindre est égale au produit de sa hauteur par la circonférence de sa base.

Cette règle s'explique même sans qu'on ait besoin de parler du prisme. En effet, si l'on fend le cylindre le long d'une ligne droite, d'une base à l'autre, et qu'on déroule la surface, elle se transforme en un rectangle ayant la même hauteur que le cylindre et pour base la longueur même de la circonférence.

EXEMPLE. — *Calculer la surface extérieure d'une colonne cylindrique dont la circonférence a* 5m,48 *et la hauteur* 4m,65.

On a pour cette surface

$$5{,}48 \times 4{,}65 = 25^{\text{m.q}}48^{\text{dm.q}}20^{\text{cm.q}}.$$

§ II. — PYRAMIDE ET CONE.

140. Pyramide. — *On appelle* PYRAMIDE *un polyèdre formé par des triangles ayant tous le même sommet et dont les bases sont les côtés d'un polygone quelconque* (fig. 172).

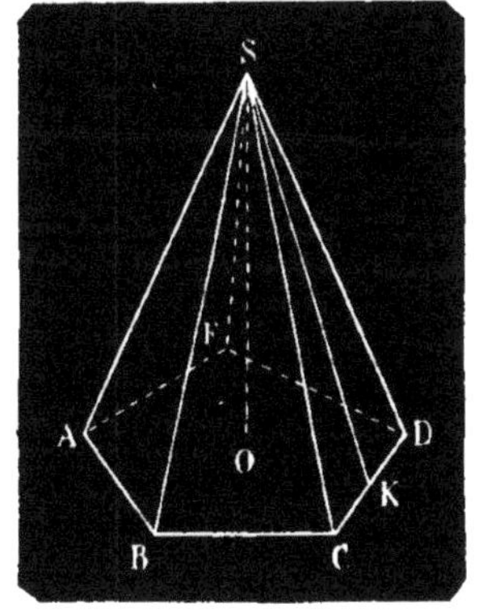

Fig. 172.

Le polygone ABCDE est la BASE de la pyramide ; le point S commun aux triangles est le SOMMET ; ordinairement la lettre du sommet est nommée la première. La perpendiculaire SO abaissée du sommet sur la base est la HAUTEUR. La hauteur pourrait tomber hors de la base sur son prolongement, si la pyramide penchait beaucoup par rapport au plan de la base.

On dit que la pyramide est TRIANGULAIRE, QUADRANGULAIRE, etc., suivant que sa base est un *triangle*, un *quadrilatère*, etc. Celle de la figure 172 est pentagonale.

Pyramide régulière. — La pyramide est dite RÉ-

GULIÈRE, quand sa base est un polygone régulier et que son sommet se trouve sur la perpendiculaire élevée au centre de la base (fig. 172).

Cette perpendiculaire est l'AXE de la pyramide.

Dans cette pyramide, les faces latérales sont des triangles isoscèles égaux, également inclinés sur la base.

Il ne faut pas confondre la hauteur SK de l'un de ces triangles avec la hauteur SO de la pyramide. La hauteur du triangle est appelée APOTHÈME de la pyramide.

141. Surface latérale de la pyramide régulière. — Pour trouver cette surface, il suffit de multiplier la moitié de la hauteur d'un des triangles isoscèles qui composent cette surface par le côté qui lui sert de base, et de multiplier le résultat par le nombre des triangles.

Cela revient à la règle suivante : *la surface latérale de la pyramide régulière est égale au demi-produit du périmètre multiplié par l'apothème de la pyramide.*

EXEMPLE. — *Dans une pyramide pentagonale régulière, représentée par la figure* 172, *le côté* AB *de la base a* $2^m,46$ *et l'opothème* SK *a* $5^m,32$*; calculer la surface latérale de cette pyramide.*

Le périmètre de la base est $2,46 \times 5 = 12^m,30$.

La surface cherchée est donc

$$\frac{12,3 \times 5,32}{2} = 12,3 \times 2,66 = 32,718$$

c'est-à-dire $32^{m.q}71^{dm.q}80^{cm.q}$.

142. Cône. — Si on enlève successivement les arêtes d'une pyramide régulière de bois par exemple, en les tranchant du sommet à la base, elles sont de moins en moins saillantes; les triangles isoscèles se rétrécissent de plus en plus et finissent par se changer en une surface ronde, semblable à celle d'un cornet de papier terminé en pointe ou à celle d'un pain de sucre. Tout corps qui a cette forme est appelé CÔNE (fig. 173).

Le CÔNE *peut donc être regardé comme une pyramide régulière dont la base est un cercle et dont les faces latérales sout infiniment étroites.*

La droite menée du sommet à la circonférence, SA par exemple, est appelée ARÊTE du cône ou APOTHÈME du cône.

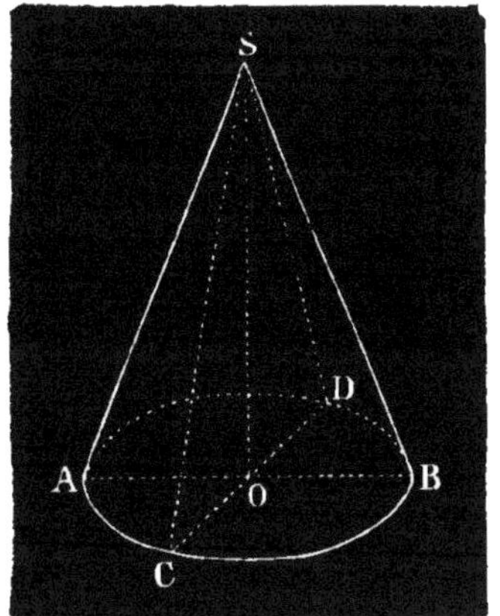

Fig. 173.

On peut aussi définir le cône de la manière suivante : *Le cône est un corps engendré par un triangle rectangle tournant autour d'un des côtés de l'angle droit, qui reste fixe.*

Le côté fixe SO est l'Axe du cône; l'autre côté AO de l'angle droit décrit le cercle de base, et l'hypoténuse SA engendre la surface latérale.

143. Surface latérale du cône. — Si on fend la surface latérale d'un cône le long d'une droite allant du sommet à la circonférence de la base, et qu'on la développe sur un plan, elle se change en un secteur circulaire SAA′ (fig. 174), ayant pour rayon l'arête du cône et un arc AA′ égal en longueur à la circonférence de la base du cône.

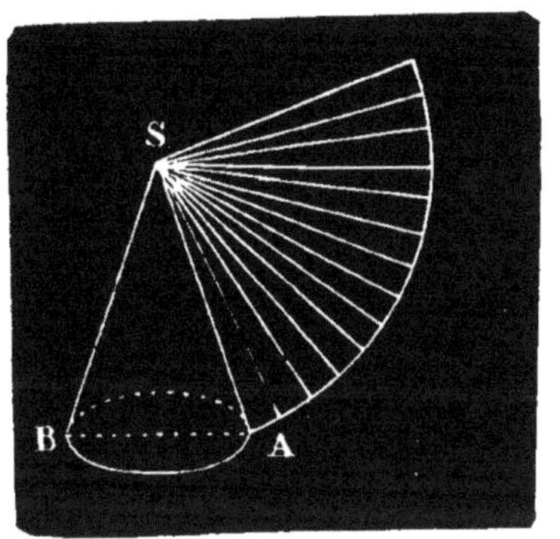

Fig. 174.

Qu'on mène dans le secteur un nombre considérable de rayons, on pourra le regarder comme l'ensemble d'une infinité de triangles isoscèles, dont les bases sont les parties très-petites de l'arc du secteur et dont la hauteur commune est le rayon.

De là découle cette règle : *Pour trouver la surface latérale d'un cône, il faut multiplier son arête par la moitié de la circonférence de la base.*

Exemple. — *On veut couvrir une tour circulaire par un toit conique, dont la circonférence du bord doit avoir un diamètre de* $5^m,40$ *et dont la distance du sommet à ce bord aura* $8^m,60$: *quelle sera la surface de ce toit?*

La circonférence du bord a

$$5,4 \times 3,14 = 16^m,956.$$

La surface sera donc égale à

$$16,956 \times \frac{8,6}{2} = 16,956 \times 4,3 = 72^{m.q},91.$$

144. Construction d'un cône avec une arête et une circonférence données. — *Former avec une feuille de carton un cône dont l'arête aura 30 centimètres et l'ouverture un diamètre de 20 centimètres.*

La circonférence de la base du cône a

$$20^{cm} \times 3,14 = 62^{cm},8.$$

Il s'agit donc de découper un secteur circulaire ayant un rayon de 30 centimètres et un arc de $62^{cm},8$; pour cela, il faut chercher le nombre de degrés de ce secteur.

La demi-circonférence à laquelle il appartient a

$$30^{cm} \times \pi = 30^{cm} \times 3,14 = 94^{cm},2.$$

Un arc long de $94^{cm},2$ contient. . . . . $180°$

Un arc égal à 1^{cm} contiendra. . . . . $\frac{180°}{94,2}$

Un arc de $62^{cm},8$ contiendra . . . $\frac{180° \times 62,8}{94,2} = 120°$

L'angle cherché est de 120°.

Le reste de la construction ne présente point de difficultés.

145. Tronc de pyramide. — *Si on coupe une pyramide par un plan parallèle à la base, la section est un polygone semblable à celui de la base.*

On appelle PYRAMIDE TRONQUÉE *ou* TRONC DE PYRAMIDE *la portion de pyramide comprise entre la section et la base*[1].

Soit la pyramide SABCD (fig. 175), coupée par un plan parallèle à la base; la section *abcd* est un quadrilatère semblable au quadrilatère ABCD, et la portion de pyramide comprise entre la base ABCD et la section *abcd* est un tronc de pyramide.

1. Quand la section n'est pas parallèle à la base, la portion de pyramide ne porte pas le nom de tronc de pyramide ; c'est un polyèdre quelconque.

Si la pyramide est régulière, la section est un polygone régulier, et les faces latérales du tronc de pyramide sont des trapèzes égaux.

146. Surface latérale d'un tronc de pyramide régulière. — Cette surface se compose de trapèzes égaux, ayant pour bases les côtés des deux bases du tronc et pour hauteur la droite qui joint les milieux de ces côtés.

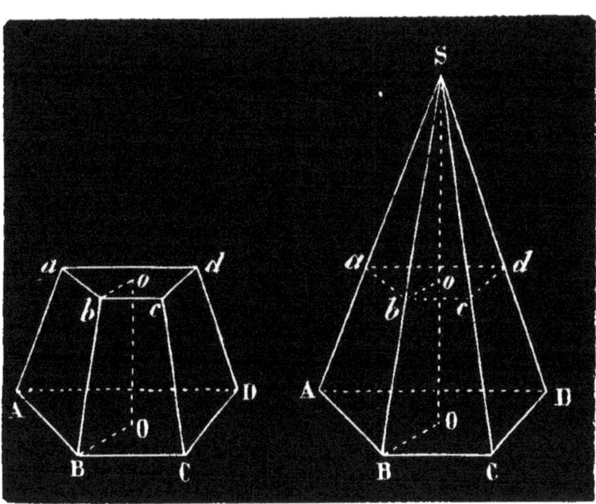

Fig. 175.

Or la surface d'un de ces trapèzes est égale à la moitié de la hauteur du trapèze multipliée par la somme des deux côtés parallèles ; on aura donc la somme de tous ces trapèzes en multipliant la moitié de leur hauteur par la somme de tous leurs côtés parallèles. Cette somme n'étant autre chose que la somme des périmètres des bases du tronc de pyramide, on peut énoncer la règle suivante :

La surface latérale d'un tronc de pyramide régulière est égale à la demi-somme des périmètres des bases du tronc multiplié par la hauteur de l'un des trapèzes.

147. Tronc de cône. — *On appelle* TRONC DE CÔNE *ou* CÔNE TRONQUÉ *la portion d'un cône comprise entre sa base et une section faite par un plan parallèle à cette base. Cette section est aussi un cercle.*

Telle est la portion ADEB (fig. 176) du cône SAB, lorsque la section DE est parallèle à la base AB.

La forme du cône tronqué se rencontre plus souvent que celle du cône complet. C'est celle d'un abat-jour de lampe, des seaux et des cuves ayant un fond circulaire moins grand que l'ouverture.

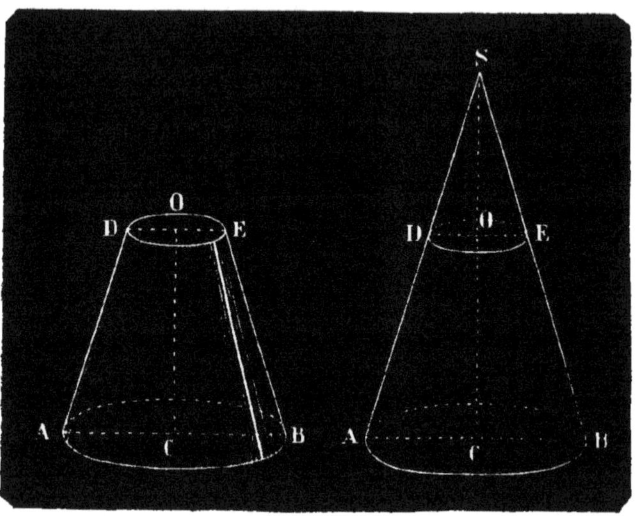

Fig. 176.

148. Surface latérale d'un cône tronqué. Soit le cône SAB (fig. 177), coupé en CD par un plan parallèle à la base. Après avoir fendu le cône le long de l'arête SA, on développe sa surface sur un plan ; elle devient le secteur SAA'. Celle du cône partiel SCD donne le secteur SDD', et celle du cône tronqué ABCD est la différence des deux secteurs, c'est-à-dire le trapèze circulaire compris entre les deux arcs DD' et AA'. Or, si on tire du centre S un grand nombre de rayons, le trapèze circulaire ADD'A' se trouve décomposé en un grand nombre de parties, telles que ADFG, qu'on peut regarder

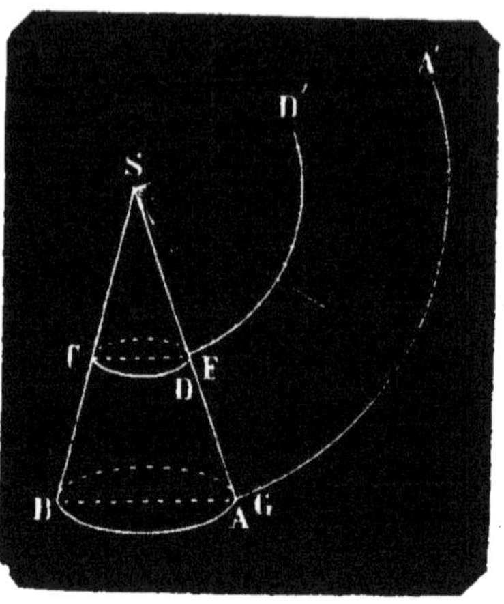

Fig. 177.

comme des trapèzes ayant pour hauteur AD et pour bases les arcs AG et DF, et ces arcs diffèrent d'autant moins d'une ligne droite qu'ils sont plus petits. Or la surface de l'un quelconque de ces trapèzes élémentaires serait égale à la moitié de la hauteur AD multipliée par la somme des deux bases; donc la surface ADD'A', somme de tous ces trapèzes, est égale à la moitié de la hauteur AD multipliée par la somme des diverses bases, c'est-à-dire par la somme des deux arcs AA' et DD'. De là se déduit la règle suivante :

Pour trouver la surface latérale d'un cône tronqué, il faut multiplier la demi-somme des circonférences des bases par la distance de ces circonférences.

EXEMPLE. — *Calculer la surface extérieure d'un vase de fer-blanc ayant la forme d'un cône tronqué; la circonférence du fond a* 68 *centimètres et celle de l'ouverture* 94 *centimètres; la distance des deux circonférences est de* 48 *centimètres.*

La demi-somme des deux circonférences est

$$\frac{68 \times 94}{2} = \frac{162}{2} = 81^{\text{cm}}.$$

La surface cherchée est donc égale à

$$81 \times 48 = 3\,888^{\text{cm.q}}.$$

CHAPITRE III

MESURE DES VOLUMES.

149. Unités de volume. — *Mesurer le volume* d'un corps, c'est chercher combien de fois il contient un volume pris pour unité.

L'unité principale de volume est le MÈTRE CUBE, c'est-à-dire un cube dont les arêtes ont un mètre. Elle porte le nom de STÈRE, dans l'évaluation du volume du bois à brûler.

Les unités plus petites sont le DÉCIMÈTRE CUBE, le CENTIMÈTRE CUBE et le MILLIMÈTRE CUBE, c'est-à-dire des cubes dont les arêtes ont un décimètre, un centimètre, un millimètre.

Le mètre cube contient 1 000 *décimètres cubes; le décimètre cube contient* 1 000 *centimètres cubes; le centimètre cube contient* 1 000 *millimètres cubes.*

En effet, supposons qu'un mètre carré tracé sur le plancher (fig. 178) ait été divisé en 100 décimètres carrés. En plaçant sur chaque décimètre carré un décimètre cube de bois ou de carton, on forme une tranche carrée ayant 1 mètre de longueur, 1 mètre de largeur et 1 décimètre d'épaisseur, et composée de 100 décimètres cubes. Si l'on place 10 tranches pareilles les unes sur les autres, on obtient un mètre cube; donc le mètre cube contient 10 fois 100, c'est-à-dire 1000 décimètres cubes. Ainsi le décimètre cube est la millième partie du mètre cube.

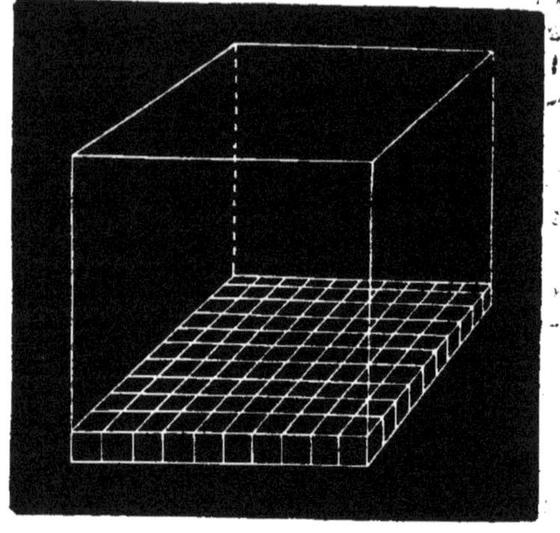

Fig. 178.

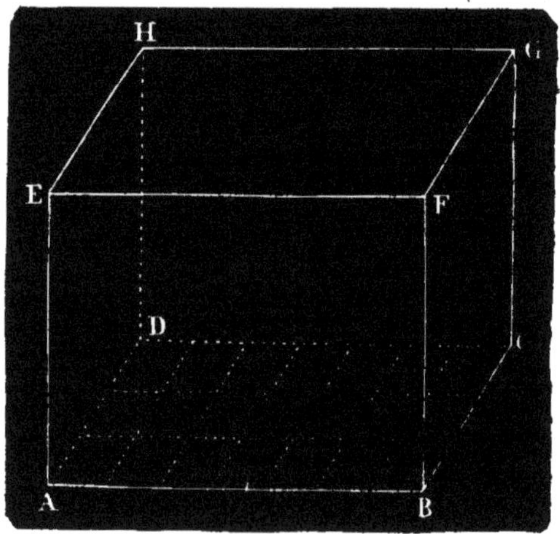

Fig. 179.

On verrait de la même manière que le centimètre cube est la millième partie du décimètre et par suite la millionième partie du mètre cube, et que le millimètre cube est la millième partie du centimètre cube.

150. Mesure du parallélipipède rectangle et du cube. — Supposons que le rectangle ABCD (fig. 179), base du parallélipipède rectangle ABCDHEFG ait une longueur AB de 7 décimètres et une largeur AD de 3 décimètres. Sa surface contient 3 fois 7 décimètres carrés. En plaçant sur chacun un décimètre cube, comme on l'a expliqué pour le mètre cube, on forme une tranche rectangulaire ayant 7 décimètres de longueur, 3 de largeur et 1 décimètre d'épaisseur et contenant 21 décimètres cubes. Si l'on a été obligé de mettre cinq tranches pareilles les unes sur les autres pour former le parallélipipède rectangle AG, il a une hauteur AE de 5 décimètres et il contient 5 fois 21 décimètres cubes. Ainsi le nombre de décimètres cubes composant le parallélipipède rectangle est égal au produit $7 \times 3 \times 5$, c'est-à-dire au produit de ses trois dimensions. De là ce théorème :

Le volume d'un parallélipipède rectangle est égal au produit de ses trois dimensions multipliées entre elles.

REMARQUES. — 1° Si on avait pris pour unité de longueur le mètre, le volume aurait été exprimé en mètres cubes ; avec le centimètre pour unité de longueur, le volume aurait été exprimé en centimètres cubes.

2° Le produit de la longueur AB par la largeur AD exprimant la surface de la base, on peut dire aussi :

Le volume d'un parallélipipède rectangle est égal au produit de la surface de la base par la hauteur.

3° Dans le cube, les trois dimensions étant égales, le volume est égal à la troisième puissance du nombre qui exprime la longueur de cette arête.

EXEMPLE. — *On demande le volume d'une pierre taillée à six faces rectangulaires, ayant une longueur de* $1^{m},32$, *une largeur de* $1^{m},27$ *et une épaisseur de* $1^{m},04$.

Le volume de cette pierre est égal à

$$1,32 \times 1,27 \times 1,04 = 1^{m.c},743456.$$

Il convient d'énoncer en décimètres cubes et centimètres cubes la fraction décimale qui suit la partie entière du nombre. Or les 743 millièmes de mètre cube sont 743 décimètres cubes ; les 456 millioniėmes de mètre cube sont 456 centimètres cubes. De là cette règle : *pour énoncer la fraction décimale qui suit un nombre de mètres cubes, on la sépare en tranches de trois chiffres à partir de la virgule, et, si la dernière tranche n'a qu'un ou deux chiffres, on écrit sur sa droite deux zéros ou un pour la compléter. La première tranche à partir de la virgule exprime les décimètres cubes ; la deuxième, les centimètres cubes ; la troisième, les millimètres cubes.*

On exprimera donc le volume de la pierre en disant :

$$1^{m.c}743^{dm.c}456^{cm.c}.$$

151. Volume du prisme droit. — *Le volume d'un prisme droit est égal au produit de la surface de sa base par sa hauteur.*

En effet, prenons, par exemple, 12 règles de bois de 9 centimètres de longueur et terminées à leurs bouts par un centimètre carré ; chacune a un volume de 9 centimètres cubes. Traçons ensuite sur la table le rectangle R (fig. 180), et les polygones B (fig 118) et B′ (fig. 182), qui ont chacun 12 centimètres carrés.

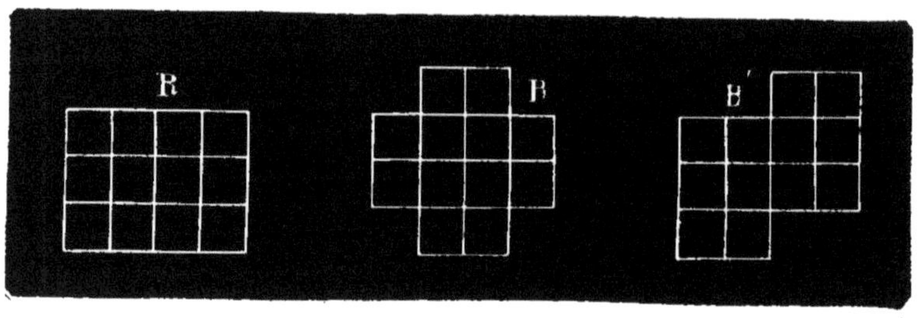

Fig. 180. Fig. 181. Fig. 182.

Si on pose ces règles verticalement par un bout sur les carrés du rectangle R, puis sur ceux du polygone B et ensuite du polygone B′, en les tenant serrées les unes avec les autres, on forme successivement trois prismes droits qui ont le même volume (12 fois 9 centimètres cubes), parce que leurs bases sont équivalentes (12 centimètres carrés) et qu'ils ont la même hauteur. Cette explication subsistant, quelle que soit la forme des polygones, et quelle que soit l'unité employée, nous énoncerons le théorème suivant :

Le volume d'un prisme droit est exprimé par le produit de la surface de la base multipliée par la hauteur.

152. Volume du cylindre. — Le cylindre pouvant être regardé comme un prisme régulier ayant pour base un polygone régulier d'une infinité de côtés infiniment petits, on trouvera son volume comme celui du prisme droit.

Le volume du cylindre est égal au produit de la surface de sa base multipliée par sa hauteur.

EXEMPLE. — *Calculer le nombre de litres d'eau contenus dans un bassin circulaire ayant une profondeur de* $1^{m},24$ *et une circonférence de* $5^{m},36$.

Pour avoir la surface du cercle qui fait le fond du bassin, il faut d'abord chercher le rayon. En le désignant par r, on a

$$r = \frac{5,36}{2 \times \pi} = \frac{2,68}{\pi}.$$

En multipliant son carré par π, on aura pour la surface B de la base

$$B = \frac{2,68^2}{\pi^2} \times \pi = \frac{2,68^2}{\pi}.$$

Le volume demandé V sera donc égal à

$$\frac{2,68^2}{\pi} \times 1,24 = \frac{8,906176}{3,14} = 2^{m.c},836$$

ou $$V = 2836 \text{ litres}$$ [1].

153. Volume du prisme oblique. — *Le volume du prisme oblique est égal au produit de la surface de sa base par sa hauteur.*

Pour le comprendre, prenons par exemple un paquet de cartes à jouer, ou, ce qui serait plus commode, un paquet de cartes de visite, toutes de même grandeur. Sous sa forme ordinaire, le paquet est un parallélipipède rectangle, dont la base est la face inférieure de la première carte, et dont la hauteur est l'épaisseur totale des çartes. Supposons maintenant que, sans déranger la carte inférieure, on fasse déborder légèrement de deux côtés la 2e sur la 1re, la 3e sur la 2e, la 4e sur la 3e, etc., mais d'aussi peu que possible, le paquet aura pris la forme (fig. 183) d'un pa-

1. Il importe d'observer qu'en prenant 3,14 pour la valeur de π on ne peut pas obtenir pour le résultat définitif un nombre parfaitement exact. Il ne faut pas penser non plus que le résultat sera exact jusqu'aux centièmes, par cela seul que l'erreur dont 3,14 est affecté est moindre que 1 centième. L'étude des principes concernant les approximations est assez délicate. Nos lecteurs trouveront cette théorie exposée avec simplicité dans notre *Arithmétique pour l'enseignement spécial*, 5e édition. 1 vol. in-12 cart.

rallélipipède oblique, ayant la même base que le parallélipipède rectangle, la même hauteur qui est l'épaisseur totale des cartes, et le même volume qui est le total des volumes des cartes.

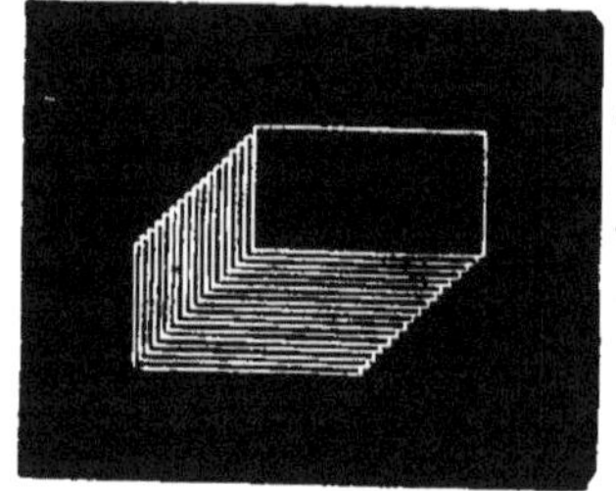

Fig. 183.

Le parallélipipède oblique est donc équivalent en volume au parallélipipède droit de même base et de même hauteur que lui ; par conséquent le produit de la surface de la base, qui exprime le volume du parallélipipède droit, exprime aussi le volume du parallélipipède oblique. Cette conclusion peut s'appliquer à tout prisme oblique ; car on peut répéter la même explication avec des cartes découpées en triangles égaux, en pentagones égaux, etc., et ayant des épaisseurs aussi petites qu'on puisse l'imaginer.

154. Volume de la pyramide. — 1° Considérons le prisme triangulaire SEDABC (fig. 184). Si on le coupe

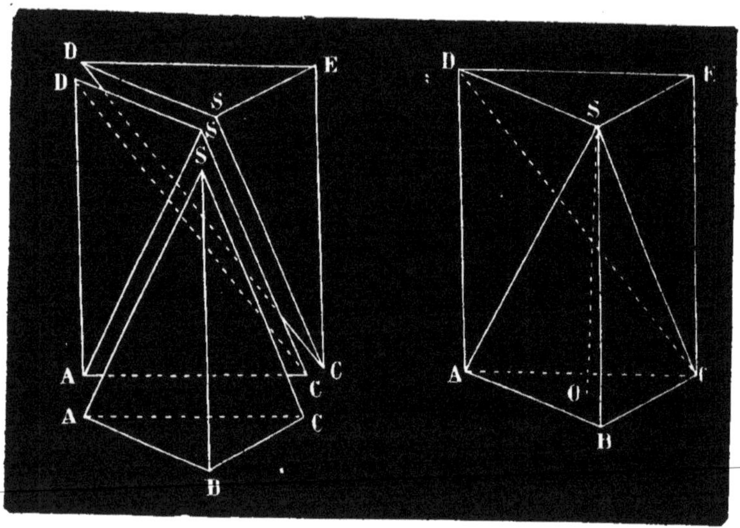

Fig. 184.

par un plan passant par les trois points S, A, C, on en détache une pyramide SABC qui a la base ABC du prisme et la même hauteur SO. Il reste la pyramide quadrangulaire SADEC. En menant un plan par le sommet S et les points C et D, on la divise en deux pyramides triangulaires ayant le même sommet S et pour bases les triangles égaux CDE et CDA. Elles sont équivalentes; car on démontre que deux pyramides ayant même hauteur et des bases équivalentes ont aussi des volumes équivalents[1]. Or, si on prend C pour le sommet de la pyramide SCDE, elle a pour base le triangle SDE, c'est-à-dire même base et même hauteur que la première pyramide SABC; elle lui est donc aussi équivalente. Ainsi le volume de chacune de ces trois pyramides qui composent le prisme est le tiers de celui du prisme. De là résulte le théorème suivant :

Le volume d'une pyramide triangulaire est égal au tiers du produit de sa base par sa hauteur.

2° Soit la pyramide pentagonale SABCDE (fig. 185), ayant pour hauteur SO. En menant le long de l'arête SA des plans diagonaux par les arêtes SC, SD, on décompose la pyramide pentagonale en trois pyramides triangulaires, ayant la même hauteur SO que la pyramide totale, et pour bases les triangles ABC, ACD, ADE, dans lesquels le pentagone se trouve lui-même décomposé. Or le volume de chaque pyramide triangulaire étant égal au tiers de la hauteur multipliée par sa base, le volume de la pyramide totale sera aussi égal au tiers de la hauteur commune multipliée par la somme des trois triangles.

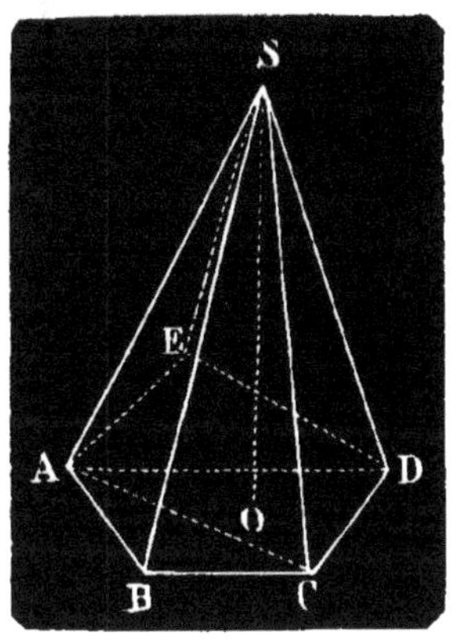

Fig. 185.

On a donc ce théorème général :

Le volume d'une pyramide quelconque est égal au tiers du produit de sa base par sa hauteur.

155. Volume du cône. — Le cône n'étant autre chose qu'une pyramide régulière dont la base est un polygone régulier composé d'une infinité de côtés infiniment

1. Voir la démonstration au *Chapitre supplémentaire.*

petits, *son volume est égal au tiers du produit de sa hauteur par la surface du cercle de base.*

156. Volume du tronc de pyramide. — Soit le tronc de pyramide triangulaire ABCDFG (fig. 186). En menant un plan par les trois sommets D, A, B, on en dé-

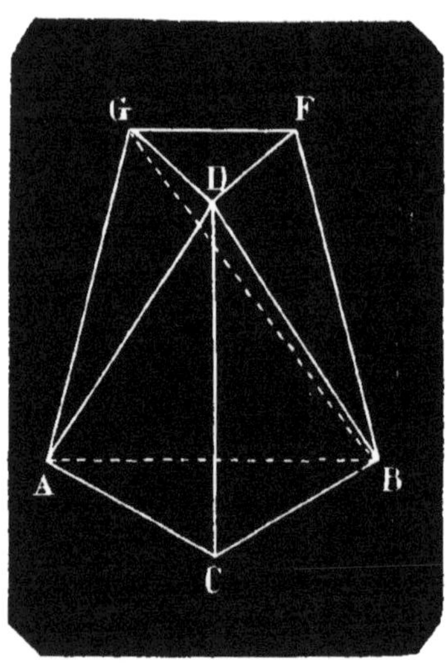

Fig. 186.

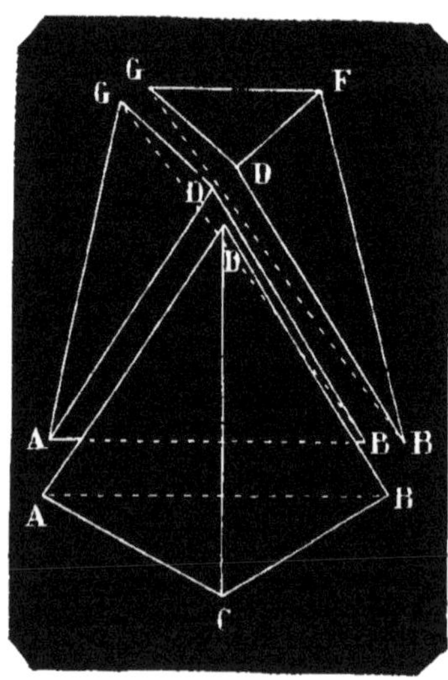

Fig. 186 *bis*.

tache une pyramide DABC (fig. 186 *bis*), qui a pour base la base inférieure du tronc et la même hauteur. Si on mène un plan par les trois sommets D, B, G, on divise la pyramide quadrangulaire DABFG qui restait en deux pyramides triangulaires DBGF et DBGA. On peut prendre B pour sommet de la pyramide DBGF; alors elle a pour base la base supérieure du tronc DFG et la même hauteur. Quant à la troisième pyramide DBGA, on démontre qu'elle est équivalente à une pyramide qui aurait la hauteur du tronc et pour base une base moyenne proportionnelle entre les deux autres (c'est-à-dire égale à la racine carrée du produit des deux autres.) De là ce théorème :

Pour trouver le volume d'un tronc de pyramide triangulaire, il faut multiplier le tiers de sa hauteur par la somme des deux bases et d'une troisième base moyenne proportionnelle entre les deux autres.

On suit la même règle pour un tronc de pyramide à base quelconque.

137. Volume du cône tronqué. — Le cône tronqué pouvant être regardé comme un tronc de pyramide régulière, *on trouve son volume en multipliant le tiers de sa hauteur par la somme des deux bases et d'une troisième base moyenne proportionnelle entre les deux autres.*

Si l'on désigne par h la hauteur du tronc, par r et r' les rayons des deux bases, la première base sera πr^2, la deuxième $\pi r'^2$. La moyenne proportionnelle entre ces deux bases sera $\sqrt{\pi r^2 \times \pi r'^2} = \pi r r'$.

On aura donc pour le volume V du cône tronqué

$$V = \frac{h}{3} \times (\pi r^2 + \pi r'^2 + \pi r r'),$$

ou, ce qui est plus simple pour le calcul,

$$V = \frac{\pi h}{3} \times (r^2 + r'^2 + r r').$$

Applications. — 1° On donne souvent aux tas de sable, dont on veut mesurer le volume, la forme d'une pyramide tronquée à bases carrées; le calcul est alors facile et n'exige aucune extraction de racine carrée.

Soit ABCDFGHK (fig. 187) cette pyramide tronquée. On mesure le côté AB de la base inférieure, le côté GH de la base supérieure, et la hauteur du tas, au moyen d'un fil à plomb, à partir d'une règle posée en partie seulement sur la base supérieure.

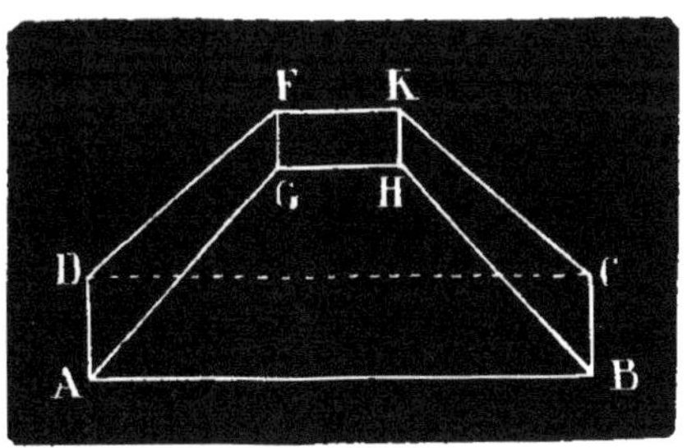

Fig. 187.

Si on désigne par a le côté de la base inférieure, a' le côté de la base supérieure et h la hauteur, la moyenne proportionnelle entre les surfaces a^2 et a'^2 des bases sera $\sqrt{a^2 a'^2}$ ou aa', et on aura pour le volume V du tas

$$V = \frac{h}{3} \times (a^2 + a'^2 + aa').$$

En supposant $a = 4^m,2$; $a' = 2^m,6$; $h = 1^m,8$, on trouve

$$V = \frac{1,8}{3} \times (4,2^2 + 2,6^2 + 4,2 \times 2,6)$$

et
$$V = 0,6 \times 35,32 = 21^{m.c},192.$$

2° *Calculer la capacité d'une cuve dont le diamètre du fond a* $3^m,68$; *le diamètre de l'ouverture* $4^m,12$ *et la profondeur* $2^m,40$.

On a pour la capacité C de la cuve

$$C = \frac{\pi \times 2,4}{3} \times (2,06^2 + 1,84^2 + 2,06 \times 1,84)$$

et
$$C = \pi \times 0,8 \times 11,4196 = 28,699,$$

ce qui fait 28699 litres ou 287 hectolitres en nombre rond.

158. Tas de pierres en forme de prisme tronqué. — Un prisme dont les deux bases ne sont pas parallèles est appelé PRISME TRONQUÉ.

1° Les tas de pierres cassées, déposés le long des routes pour leur entretien, ont souvent la forme d'un prisme

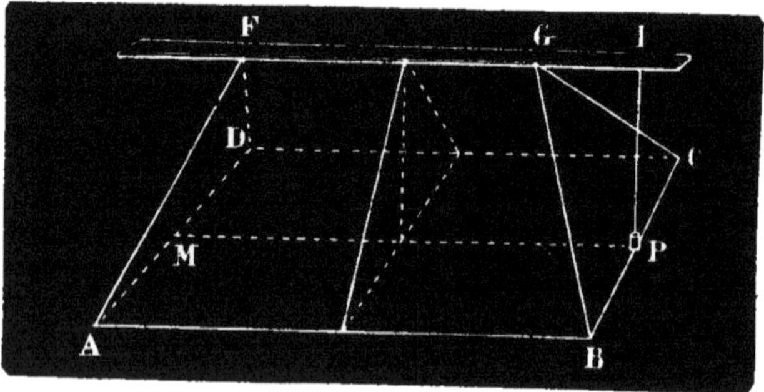

Fig. 188.

triangulaire tronqué (fig. 188). La face ABCD par laquelle ils reposent sur le sol est un rectangle et les deux triangles

ADF et BCG, qui en sont les extrémités, sont isoscèles et égaux.

Pour avoir la hauteur du tas au-dessus du sol, on applique une règle le long de l'arête FG, en la faisant déborder au delà, en GI par exemple, et en suspendant un fil à plomb au bout de son prolongement : la longueur IP de ce fil jusqu'au sol est la hauteur du tas.

On démontre que le volume d'un prisme triangulaire tronqué est égal au tiers de la somme des trois arêtes latérales multiplié par la surface du triangle qu'on obtiendrait en coupant le prisme tronqué par un plan perpendiculaire à ces arêtes. Cette section faite dans le prisme tronqué est sa SECTION DROITE.

D'après cela, *pour trouver le volume d'un tas de pierres terminé à ses deux extrémités par deux triangles, on multiplie la moitié de la largeur* BC *par la hauteur du tas* IP, *ce qui donne la surface d'un triangle ayant* BC *pour base et* IP *pour hauteur, et on multiplie le résultat par le tiers de la somme des trois côtés parallèles.*

2° Souvent, surtout quand il s'agit de grandes quantités de cailloux ou de sable, le tas est terminé à sa partie supérieure, non par une arête, mais par un rectangle FGHK (fig. 189).

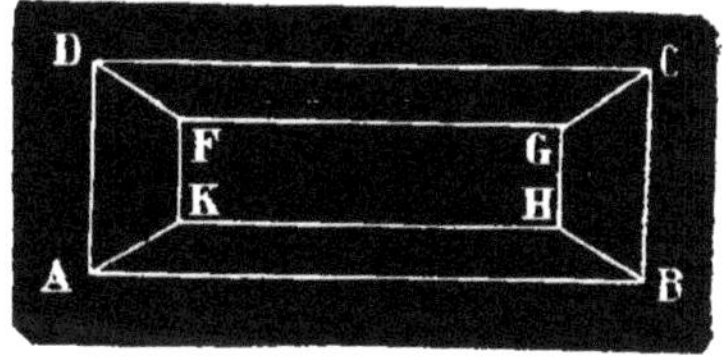

Fig. 189.

La règle à suivre pour obtenir le volume est exprimée par la formule suivante. En désignant par a et b la longueur AB et la largeur AD de la grande base, par a' et b' la longueur KH et la largeur KF de la base supérieure, et par h la hauteur du tas, mesurée comme dans le cas précédent, on a pour le volume V du tas

$$V = \frac{h}{6} \times \{ab + a'b' + (a + a') \times (b + b')\}.$$

Or ab exprime la surface de la base inférieure, $a'b'$ la surface de la base supérieure ; le produit $(a + a') \times (b + b')$ est la surface d'un rectangle ayant pour longueur la somme des longueurs des deux bases, et pour largeur la somme des largeurs de ces bases. Cette formule se traduira donc de la manière suivante :

Pour obtenir le volume de ce tas, il faut calculer la surface de la base inférieure, celle de la base supérieure, ajouter à leur somme le produit de la somme des deux longueurs multipliée par la somme des deux largeurs et multiplier le total de ces trois produits par le sixième de la hauteur.

La forme de ce tas est aussi celle des fossés dont les côtés sont en talus, avec la différence que c'est la base la plus étroite qui fait le fond. On évaluera donc la capacité de ces fossés de la même manière.

159. Rapport entre les volumes. — De même qu'il y a des polygones semblables, il y a aussi des polyèdres semblables et des corps ronds semblables. Mais l'étude des caractères généraux de la similitude des polyèdres n'étant pas d'une grande utilité pratique, nous nous bornerons aux indications suivantes.

Deux cubes sont évidemment des polyèdres semblables.

Deux parallélipipèdes rectangles sont semblables, lorsque les trois dimensions de l'un sont proportionnelles aux trois dimensions de l'autre.

Deux cylindres sont semblables quand leurs hauteurs sont proportionnelles à leurs rayons.

Quand on coupe une pyramide par un plan parallèle à la base, la pyramide partielle qui en résulte est semblable à la pyramide totale. Par conséquent, deux pyramides ou deux cônes sont semblables, quand, s'emboîtant exactement l'un sur l'autre par leur sommet, ils ont leurs bases parallèles.

Le rapport des volumes de deux corps semblables est égal au cube du rapport de leurs lignes homologues.

Par exemple, si les arêtes de deux cubes sont l'une $\frac{1}{3}$ de l'autre, le volume du plus petit est $\frac{1}{27}$ du volume du plus grand.

CHAPITRE IV

VOLUME DE QUELQUES CORPS DE FORME NON GÉOMÉTRIQUE.

160. Jaugeage des tonneaux. — Il semble qu'on pourrait regarder un tonneau comme la somme de deux troncs de cône égaux, adossés l'un contre l'autre par leur plus grande base, qui serait le cercle résultant de la section faite dans le tonneau à la bonde F (fig. 190), par un plan parallèle aux deux fonds. Le volume ainsi trouvé serait trop faible ; car de l'extrémité C au milieu F le tonneau est un peu renflé. On a donc cherché divers moyens d'arriver à un résultat plus exact.

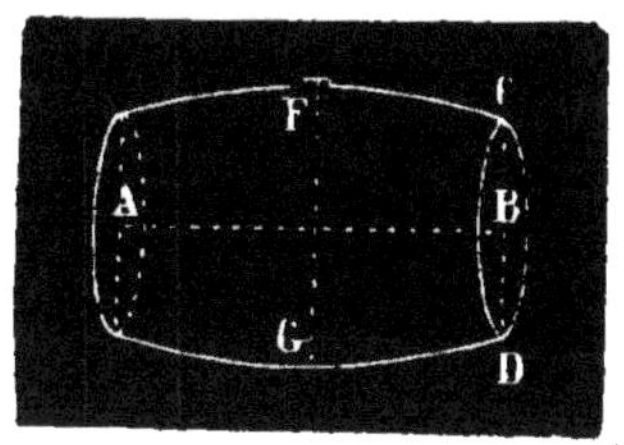

Fig. 190.

En voici un qui est assez fréquemment employé, et qui a été indiqué par Dez, ancien professeur de l'École militaire.

On considère le tonneau comme un cylindre ayant la même longueur que le tonneau, d'un fond à l'autre. Pour sa base on prend un cercle dont le rayon serait l'excès du demi-diamètre du tonneau mesuré à la bonde sur les $\frac{3}{8}$ de la différence qu'il y a entre ce demi-diamètre et le demi-diamètre du fond.

Si on désigne par h la longueur du tonneau, par R le rayon du cercle à la bonde, par r le rayon du fond et par C la capacité du tonneau, cette règle est exprimée par la formule suivante :

$$C = \pi\left(R - \frac{3}{8}(R - r)\right)^2 \times h.$$

Exemple. — *La longueur d'un tonneau entre les deux fonds est de $1^m,54$ et le diamètre du fond est de 64 centimètres. En enfonçant par la bonde une tige graduée jusqu'au bas du tonneau, on lui trouve en cet endroit un diamètre de 88 centimètres. Quelle est, d'après la règle précédente, la capacité de ce tonneau?*

D'abord on a pour le rayon du tonneau à la bonde 44 centimètres, et pour le rayon du fond 32 centimètres. Leur différence est $44 - 32 = 12$ centimètres.

Les $\frac{3}{8}$ de 12 centimètres sont $12 \times \frac{3}{8} = \frac{36}{8} = 4^{cm},5.$

L'excès du rayon de la bonde sur $4^{cm},5$ est

$$44 - 4,5 = 39^{cm},5.$$

Le cercle pris pour base du cylindre a donc un rayon égal à $39^{cm},5$.

Prenons pour unité le décimètre, puisque le litre est un décimètre cube ; on aura pour la capacité C du tonneau

$$C = \pi \times 3{,}95^2 \times 15{,}4$$

$$C = 3{,}14 \times 15{,}6025 \times 15{,}4 = 754{,}474,$$

c'est-à-dire 754 litres et demi environ.

161. Du cubage des arbres. — Les troncs d'arbre sur pied ou abattus n'ont pas de forme géométrique bien déterminée, excepté quelques-uns, tels que les sapins par exemple. En outre, comme l'écorce et l'aubier ne peuvent pas être employés dans la construction et constituent ainsi un déchet, les marchands, qui font le commerce des bois, suivent pour l'évaluation du volume certaines règles de pure convention, empruntées à la géométrie. Nous en dirons seulement quelques mots.

1° Quand le tronc a une forme à peu près cylindrique, on évalue son volume comme celui d'un cylindre dont la hauteur serait la longueur du tronc, et qui aurait pour base la section faite perpendiculairement au milieu de la longueur. Le rayon de cette section est la demi-somme des rayons des deux extrémités.

2° L'arbre recouvert de son écorce est dit arbre en *grume*. Pour mesurer le volume de l'arbre en *grume*, en faisant déduction de l'écorce et de l'aubier, on suit le procédé suivant.

On prend au moyen d'une ficelle le tour de l'arbre au milieu de sa longueur ; on diminue la longueur du tour d'un cinquième ou d'un sixième, suivant les cas, et on prend le quart du reste. On cherche la surface d'un carré dont le côté serait égal à ce quart, et on multiplie cette surface par la longueur du tronc.

C'est ce qu'en termes de commerce on appelle *cuber au cinquième, au sixième déduit.*

162. Capacité d'un vase. — On pèse d'abord le vase vide, puis le vase plein d'eau ; la différence des deux poids est le poids de l'eau qui le remplit. *Le nombre de grammes* *de cette différence exprime le nombre de centimètres cubes de la capacité du vase.*

Le nombre de kilogrammes exprimerait le nombre de décimètres cubes ou de litres.

163. Volume d'un corps massif. — Quand un corps est suspendu dans l'eau, il éprouve de bas en haut de la part de l'eau une poussée égale au poids de l'eau dont il occupe la place. C'est là le principe d'Archimède, qu'on énonce ordinairement de la manière suivante : *un corps suspendu dans l'eau perd une partie de son poids égale au poids de l'eau déplacée.*

D'après cela, pour trouver, par exemple, le volume d'un morceau de fer, on le pèse d'abord dans l'air comme à l'ordinaire; puis on le pèse suspendu dans l'eau, au moyen d'un fil attaché à la balance; la différence des deux poids trouvés est le poids de l'eau déplacée.

Le nombre de grammes de cette différence exprime le nombre de centimètres cubes du morceau de fer.

164. Détermination du volume par la densité. — On arrive facilement à trouver le volume d'un corps, quand on connaît son poids et sa densité.

La densité d'un corps est le nombre qui indique le rapport entre le poids de ce corps et le poids du même volume d'eau.

Cherchons par exemple le volume d'un morceau de plomb qui pèse 2 759 grammes.

Si le plomb avait le même poids que l'eau, le volume de ce morceau de plomb serait 2 759 centimètres cubes; mais la densité du plomb étant 11,35, c'est-à-dire le poids du plomb étant 11 fois 35 centièmes celui du même volume d'eau, le volume de ce morceau sera égal à celui de l'eau divisé par 11,35.

Ainsi, *pour connaître le volume d'un corps, on peut diviser son poids par sa densité.*

Il faut se rappeler que le résultat exprime des centimètres cubes, quand le poids est donné en grammes; des décimètres cubes, quand le poids est donné en kilogrammes.

Observation. — Ces procédés n'ont pas une rigoureuse précision, parce que le gramme est le poids du centimètre cube d'eau distillée et à la température de 4 degrés, qui est celle de son maximum de densité. Cependant les résultats qu'ils donnent ont une exactitude suffisante pour les applications ordinaires[1].

165. Détermination du poids. — En connaissant le volume d'un corps, on obtient facilement son poids à l'aide de sa densité.

Supposons par exemple qu'on ait trouvé 52 centimètres cubes pour le volume d'une règle de fer. Si son poids était le même que celui de l'eau, elle pèserait 52 grammes; or le poids du fer étant 7 fois 79 centièmes celui de l'eau, celui de la règle sera

$$52^{gr} \times 7{,}79$$

c'est-à-dire le produit du nombre indiquant son volume par celui qui indique sa densité. En d'autres termes, *on trouve le poids d'un corps en multipliant son volume par sa densité.*

Cette règle est exprimée par la formule suivante :

$$p = v \times d$$

où p est le poids, v le volume et d la densité.

CHAPITRE V

DE LA SPHÈRE.

166. Définition. — *On appelle* SPHÈRE *un corps rond comme une boule, dont la surface a tous ses points à égale distance d'un point intérieur nommé centre.*

On peut considérer la sphère comme un corps qui serait engendré par un demi-cercle tournant autour de son diamètre AB qui reste fixe (fig. 191).

Les droites menées du centre à la surface sont les **RAYONS**, et toute droite passant par le centre et terminée à la surface est un **DIAMÈTRE**.

1. On trouvera à la fin, au *Chapitre supplémentaire*, la table des densités des corps les plus importants.

167. Section de la sphère par un plan. — *Si l'on coupe une sphère par un plan, la section est un cercle, d'autant plus petit qu'il est plus éloigné du centre.* Le plus grand est celui qui passe par le centre; on l'appelle pour cette raison GRAND CERCLE (fig. 192).

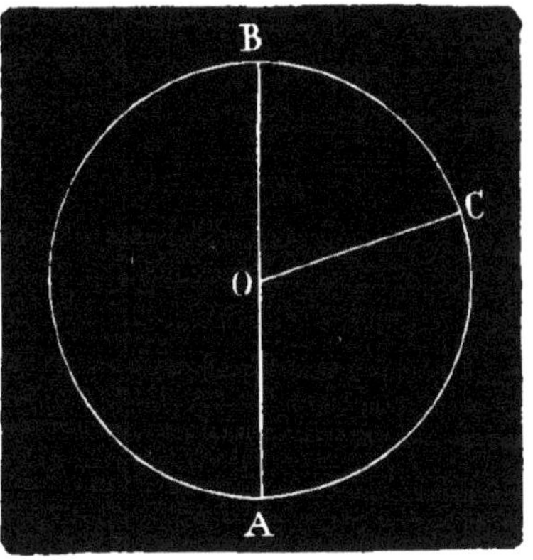

Fig. 191.

On en a un exemple en coupant une orange en tranches, dont chacune aurait partout la même épaisseur.

Quand les cercles sont parallèles, le diamètre perpendiculaire à l'un est aussi perpendiculaire aux autres et passe par leurs centres.

L'extrémité A ou B de ce diamètre est à égale distance de la circonférence de chaque cercle; elle est le PÔLE du cercle.

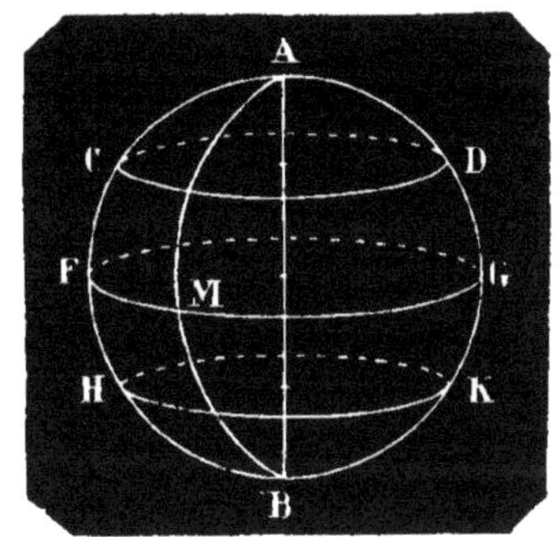

Fig. 192.

Zone. — On appelle ZONE la portion de la surface sphérique comprise entre deux plans parallèles. On donne aussi le même nom à la CALOTTE, telle que ACD ou BHK, déterminée par un plan coupant la sphère.

On donne le nom de FUSEAU à la portion de surface sphérique comprise entre deux demi-circonférences de grands cercles, par exemple l'espace AFBM.

168. Détermination du rayon d'une sphère. — 1° Pour connaître le rayon d'une sphère, on la place sur une table horizontale et au-dessus d'elle une règle plate qu'on pose parallèlement à la table. La distance comprise entre la règle et la table, quand elle est la même à droite et à gauche de la sphère, est le diamètre de la sphère.

2° On peut trouver ce rayon par une construction géométrique.

D'un point quelconque A (fig. 193) pris pour centre, ou plutôt pour pôle, sur la sphère, on décrit à sa surface, avec une ouverture arbitraire de compas, une circonférence DF. Sur la circonférence, on marque à volonté trois points D, G, H; on prend avec le compas les distances rec-

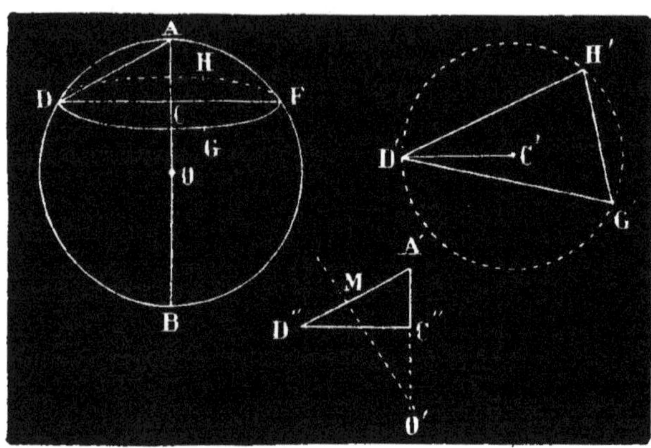

Fig. 193.

tilignes de ces trois points, et on construit avec ces distances un triangle D'G'H'. En circonscrivant une circonférence à ce triangle, on a le rayon C'D' égal au rayon CD du cercle DF.

Connaissant ainsi dans le triangle rectangle ADC le côté DC de l'angle droit et l'hypoténuse AD, on peut le construire.

Pour cela, on mène deux droites perpendiculaires entre elles au point C''; on prend sur l'une une longueur C''D'' égale à C'D' et de D'' comme centre on décrit, avec un rayon égal à AD, un arc qui coupe l'autre perpendiculaire en A'. On tire A'D'' et sur son milieu M on lui élève une perpendiculaire, qui rencontre le prolongement du côté A'C'' en O'.

La droite O'A' est le rayon de la sphère.

Observation. — Pour décrire un cercle à la surface de la sphère, on emploie pour plus de facilité un compas à branches recourbées (fig. 194), au lieu du

Fig. 194.

compas ordinaire : ce compas est nommé *compas d'épaisseur*.

169. Décrire un grand cercle sur une sphère. — Soit ABC (fig. 195) un grand cercle ayant pour pôles les extrémités du diamètre PP'. On voit que la distance PA à donner aux deux pointes du compas est la corde qui sous-tend le quart de la circonférence d'un grand cercle.

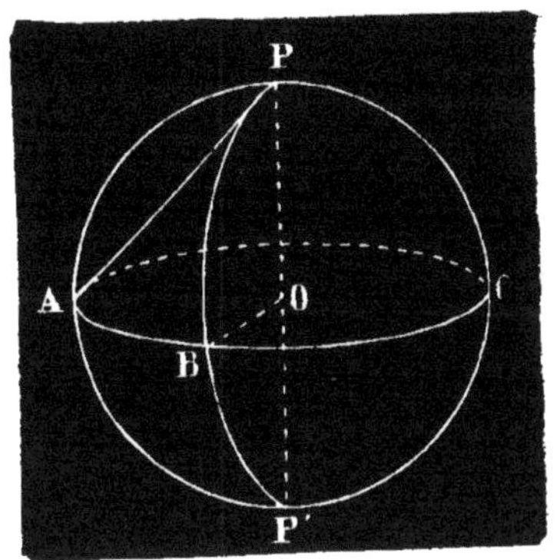

Fig. 195.

Ayant donc cherché le rayon de la sphère, on décrit avec ce rayon une circonférence qu'on divise en quatre parties égales. On prend avec le compas la distance des deux extrémités du quart de la circonférence, et du point P choisi pour pôle sur la sphère on décrit le cercle ABC, qui est le cercle cherché.

En plaçant ensuite la pointe du compas en divers points de cette circonférence, on décrira autant de grands cercles passant par les pôles P et P' du premier.

Il n'est pas nécessaire d'entrer dans de longues explications pour montrer toute l'importance de cette construction; un exemple suffira. C'est celle qu'il faut exécuter pour tracer l'équateur et les méridiens sur un globe terrestre.

170. Surface de la sphère. — On démontre que la surface de la sphère est le quadruple de celle du cercle qui aurait le même rayon.

Donc, pour trouver la surface de la sphère, il faut multiplier le carré du rayon par π, puis par 4.

C'est ce qu'on exprime par la formule suivante, où S désigne la surface et r le rayon :

$$S = 4\pi r^2.$$

Remarques. — 1° Réciproquement, pour trouver le rayon quand on connaît la surface, il faut diviser la surfaée par 4π, ce qui donne le carré du rayon, et extraire la racine carrée du quotient.

2° Le rapport des surfaces de deux sphères est égal au carré du rapport des rayons. Si, par exemple, le rayon de l'une est la $\frac{1}{2}$ ou le $\frac{1}{3}$ de l'autre, la surface de la plus petite sera le $\frac{1}{4}$ ou le $\frac{1}{9}$ de la surface de la plus grande.

EXEMPLE. — *Le grand ballon captif qu'on avait établi dans la cour des Tuileries pendant l'Exposition universelle de* 1878 *formait une sphère de* 36 *mètres de diamètre. Quelle en était la surface? Quel était le poids de l'étoffe du ballon, si le mètre carré pesait* 1 *kilogramme?*

Le rayon était la moitié de 36 mètres ou 18 mètres.

La surface était donc égale à

$$4 \times \pi \times 18^2 = 4\,069^{\text{m.q}},44.$$

Le poids de l'étoffe était de 4069 kilogrammes.

171. Surface de la zone. — *Pour trouver la surface d'une zone, il faut multiplier sa hauteur par la circonférence qui a le rayon de la sphère.*

OBSERVATION. — Ce problème ne pourrait présenter quelque intérêt que dans le cas où il s'agirait de calculer la surface des zones de la terre ; mais la détermination de la hauteur, qui dépend de la latitude des deux cercles limitant la zone, exige des calculs qui sont au-dessus de ces éléments de géométrie, excepté dans quelques cas particuliers.

172. Volume de la sphère. — *Le volume de la sphère est égal au tiers du produit du rayon multiplié par sa surface.*

En effet, imaginons que la surface soit décomposée en un très grand nombre de petites parties, triangulaires par exemple, et que des rayons soient menés à tous les sommets de ces triangles. Ces triangles différeront d'autant moins de véritables triangles plans qu'ils seront plus petits ; la sphère pourra être ainsi regardée comme formée d'une infinité de pyramides dont le sommet est au centre, ayant pour bases les portions infiniment petites de la surface sphérique et pour hauteur le rayon. Or le volume de chacune serait égal au tiers du rayon multiplié par sa base ; donc le volume total de ces pyramides, c'est-à-dire le volume de la sphère, est égal au tiers du rayon multiplié par la somme de toutes les bases, c'est-à-dire par la surface de la sphère.

C'est ce qu'on exprime par la formule suivante :

$$V = 4\pi r^2 \times \frac{r}{3}$$

ou

$$V = \frac{4}{3}\pi r^3.$$

Remarques. — 1° Si on veut trouver le rayon quand on connaît le volume, il faut diviser ce volume par $\frac{4\pi}{3}$, ce qui revient à le multiplier par 3 et à diviser le produit par 4π, et extraire ensuite la racine cubique du résultat.

2° Le rapport des volumes de deux sphères est égal au cube du rapport de leurs rayons. Par exemple, le rayon du soleil étant égal à 108 fois celui de la terre, le volume du soleil contient le volume de la terre un nombre de fois égal au cube de 108, c'est-à-dire 1 259 712 fois.

Exemples. — 1° *Calculer le volume du ballon des Tuileries, désigné dans le problème précédent.*

La surface du ballon était de 4 069 mètres carrés.

Le volume était donc égal à

$$4069 \times \frac{18}{3} = 4069 \times 6 = 24414 \text{ mètres cubes.}$$

2° *Une chaudière ayant la forme d'une demi-sphère a une capacité de 229 litres ; quelle est sa profondeur et quel est le diamètre de l'ouverture?*

La sphère entière aurait une capacité de 458 litres. Si donc on désigne par r le rayon, on aura

$$\frac{4}{3}\pi r^3 = 458 ;$$

d'où

$$r^3 = \frac{458 \times 3}{4\pi} = \frac{1374}{4\pi} = \frac{343,5}{\pi}$$

et
$$r^3 = \frac{343,5}{\pi} = 109,394.$$

En extrayant la racine cubique on trouve

$$r = \sqrt[3]{109,364} = 4,7,$$

c'est-à-dire 47 centimètres.

Le diamètre de l'ouverture est égal à 94 centimètres.

173. De la sphère terrestre. — La terre, malgré les inégalités de sa surface, peut être regardée comme une sphère, ayant un rayon moyen de 6 366 kilomètres. Elle tourne sur elle-même en vingt-quatre heures, comme autour d'une ligne droite qui passerait par son centre; cette droite imaginaire est l'*axe*. Les deux points où elle perce la surface de la terre sont les deux *pôles*.

Pour déterminer la position des lieux, on imagine diverses circonférences autour de la terre.

On appelle *méridiens* des circonférences qui environnent la terre en passant par les deux pôles. Le plan de cette circonférence prolongé jusqu'à la sphère céleste forme le méridien céleste.

On appelle *équateur* une circonférence qui environne la terre à égale distance des deux pôles. Le plan de cette circonférence prolongé jusqu'à la sphère céleste forme l'équateur céleste.

On appelle *parallèles* des circonférences qui sont parallèles à l'équateur.

La *longitude* d'un lieu est la distance du méridien de ce lieu au premier méridien, comptée en degrés sur le parallèle de ce lieu. Elle est aussi égale à l'arc d'équateur compris entre ces deux méridiens.

La *latitude* d'un lieu est la distance de ce lieu à l'équateur, comptée en degrés sur le méridien de ce lieu.

L'équateur et le méridien ont le même rayon que la terre.

Les cercles parallèles à l'équateur sont de plus en plus petits à mesure qu'ils sont plus voisins des pôles [1].

1. On trouvera à la fin, au *Chapitre supplémentaire*, un tableau indiquant les rayons des parallèles qui traversent la France, de degré en degré.

174. Cartes géographiques. — Tracé de la mappemonde. — Les cartes géographiques représentent la surface d'un pays, comme le plan d'un champ représent ecelle du champ. Mais, en raison de sa grande étendue, la surface du pays qui est sphérique ne peut pas être regardée comme plane, et par conséquent être transformée sur la carte en surface plane, sans subir des altérations plus ou moins fortes. Nous n'avons pas à expliquer ici les moyens qu'on emploie pour atténuer le plus possible ces altérations; nous exposerons seulement la construction de la mappemonde, telle qu'on la trouve dans les atlas classiques.

Imaginons d'abord que la terre, considérée comme un globe creux, soit coupée (fig. 196) par un cercle PMP'N passant par les pôles P' et P, en deux calottes égales, l'une PAP' portant l'ancien continent et l'autre portant le nouveau. Le méridien PMP'N est le cercle sur lequel sera dessinée la surface de l'hémisphère PAP'.

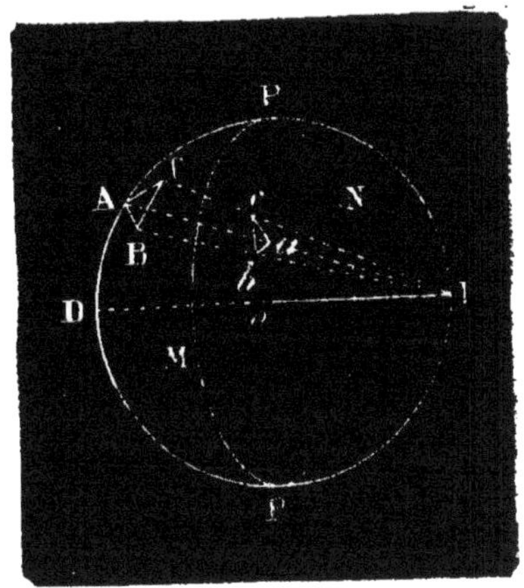

Fig. 196.

Pour nous en rendre compte, supposons un diamètre ID mené perpendiculairement au centre de ce cercle. Mettant l'œil au point I, on regarde à travers le cercle PMP'N la surface intérieure de l'hémisphère opposé ; c'est l'image déterminée sur ce cercle par les points où il est percé par les rayons visuels menés aux divers points de l'hémisphère, qui est la carte de cet hémisphère.

Ce système de représentation de l'hémisphère terrestre sur un plan s'appelle système de PROJECTION STÉRÉOGRAPHIQUE.

Construction. — Voici le procédé à suivre pour tracer les projections des méridiens et des parallèles (fig. 197) d'après ce système.

Ayant décrit le cercle qui doit porter la carte d'un hémisphère, on y mène deux diamètres perpendiculaires entre eux, en les prolongeant indéfiniment : l'un EE′ est la projection du demi-équateur; l'autre PP′ est la projection du demi-méridien perpendiculaire au plan de la carte et en

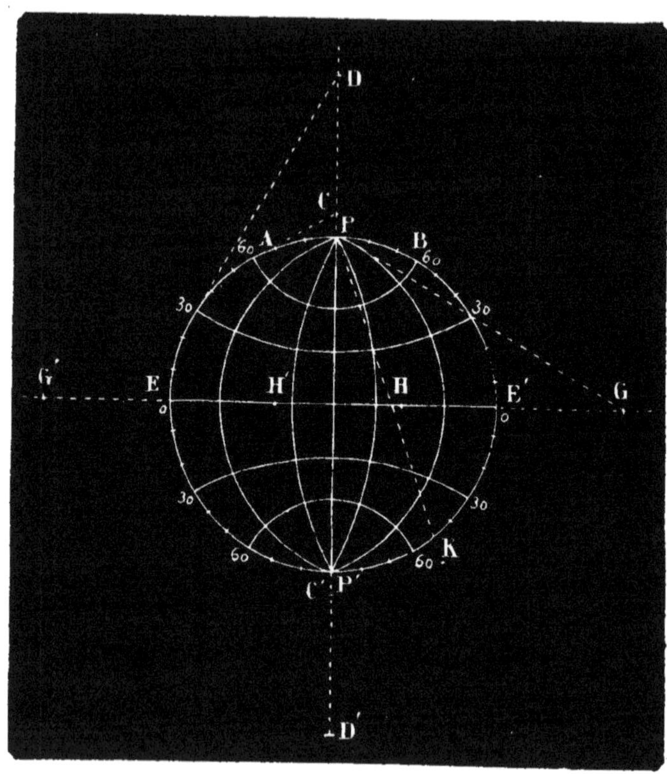

Fig. 197.

même temps l'axe terrestre. On divise en degrés les arcs EP et EP′ ainsi que les arcs E′P et E′P′ à partir de E et de E′.

Tracé des parallèles. — Pour construire un demi-parallèle, par exemple celui qui est à 60° de latitude, on mène par le point A, qui est au 60ᵉ degré, une tangente à la circonférence, jusqu'à la rencontre du prolongement de l'axe en C. De ce point C pris pour centre, avec un rayon égal à la distance CA, on décrit l'arc AB, qui est la projection du demi-parallèle.

Tracé des méridiens. — Prenons pour exemple le demi-méridien qui fait à gauche un angle de 20° avec celui de la carte.

A partir du pôle P′, on prend un arc P′K ayant 2 fois 20°, c'est-à-dire 40°, et on tire du point K à l'autre pôle P une corde KP qui coupe EE′ en H. De ce point H pris pour centre avec la distance HP pour rayon, on décrit l'arc PP′; cet arc est la projection du demi-méridien.

Pour le demi-méridien qui fait avec celui de la carte un angle de 45°, le centre de l'arc à décrire est à l'extrémité E′ du diamètre équatorial. Pour un demi-méridien faisant avec celui de la carte un angle supérieur à 45°, le centre se trouve à la rencontre du prolongement de EE′, par exemple en G.

CHAPITRE SUPPLÉMENTAIRE

I. — TRACÉ DES LIGNES DROITES SUR LE TERRAIN. JALONS.

Si les deux points qui doivent être unis par une ligne droite ne sont pas trop éloignés l'un de l'autre, il suffit de tendre un cordeau entre les deux points.

Si la distance est trop considérable, on fixe verticalement en terre, aux deux points A et B par exemple (fig. 198), deux *jalons*, c'est-à-dire deux piquets bien

Fig. 198.

droits, dont l'extrémité supérieure porte, dans une fente qui y est pratiquée, un morceau de papier blanc, destiné à mieux faire apercevoir le jalon de loin. En appliquant l'œil au jalon A et en visant le jalon B, on fait signe à un aide qui, dans l'intervalle AB, tient un jalon à la main, de l'éloigner de lui ou de le rapprocher, jusqu'à ce qu'on le voie dans la direction AB. Alors il le plante en ce point, E par exemple

On en fait établir d'autres en D, en C, de la même manière, si c'est nécessaire.

II. — MESURES DES LONGUEURS SUR LE TERRAIN CHAINE.

Sur le terrain, les distances se mesurent à l'aide d'une chaîne (fig. 199), formée de tiges de fer ayant chacune 2 décimètres et reliées l'une à l'autre par des anneaux. La longueur totale, y compris celle des deux poignées qui la terminent, est de 10 mètres; cette chaîne est donc un décamètre.

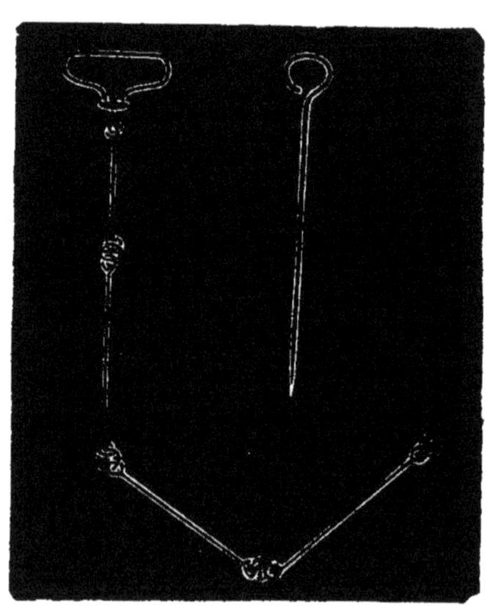

Fig. 199.

Pour marquer le point où s'arrête la chaîne, l'opérateur, qui marche en avant, enfonce en terre une *fiche*, c'est-à-dire une grande pointe de fer dont la tête est recourbée en anneau. Il en a ordinairement dix avec lui, quand il faut mesurer une distance de plus de dix mètres.

III. — TRACÉ DES PERPENDICULAIRES SUR LE TERRAIN. ÉQUERRE D'ARPENTEUR.

L'équerre dont se sert l'arpenteur diffère totalement de celle qu'on emploie sur le papier. Elle est formée d'un prisme régulier en cuivre à huit faces, qui est creux et qui, au moyen d'un manche D (fig. 200), peut être fixée au sommet d'un bâton ferré planté en terre. Chaque face est munie d'une fente qui est verticale, quand l'équerre est sur le bâton, et la ligne droite BB′ menée par deux fentes opposées est perpendiculaire sur la ligne droite AA′ déterminée par deux autres fentes opposées.

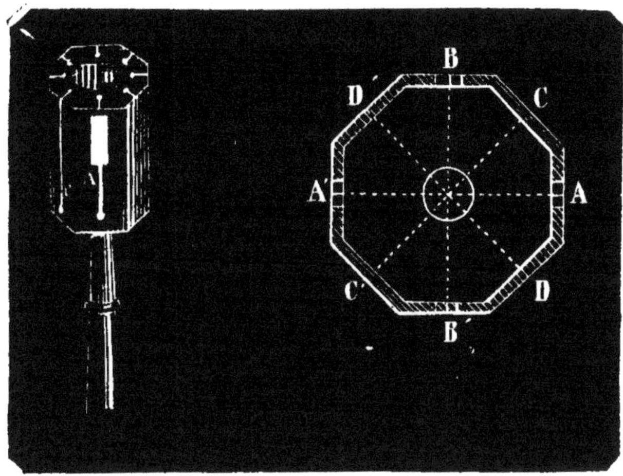

Fig. 200.

1° *Mener sur le terrain une perpendiculaire à une droite* AB *par un point* C *pris sur cette droite* (fig. 201).

On plante l'équerre en C sur son bâton, en la faisant

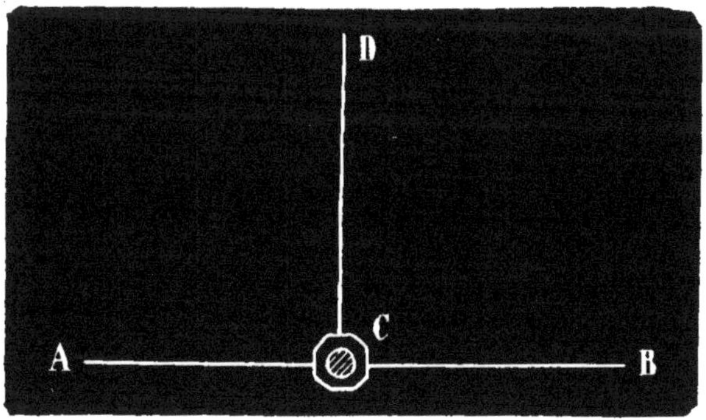

Fig. 201.

tourner un peu sur elle-même pour aligner deux fentes opposées sur les jalons fixés d'avance aux points A et B de la droite. Puis, visant par les deux fentes qui donnent la direction perpendiculaire à celle des deux autres fentes, on fait planter un jalon par un aide dans cette direction, en D par exemple. La perpendiculaire se trouve ainsi déterminée par la direction CD.

2° *Mener une perpendiculaire à une droite* **MN** *par un point* A *pris hors de cette droite* (fig. 202).

On plante le bâton surmonté de l'équerre en un point O de la droite MN, qu'on juge devoir être à peu près le pied dela perpendiculaire cherchée, et. après avoir aligné deux entes opposées sur les jalons fixés en M et en N, on voit, en visant par la direction perpendiculaire à MN, si elle passe par le point A. Dans la figure, elle passe à gauche. On déplace alors un peu l'équerre à droite sur la direction MN, et on arrive ainsi par quelques tâtonnements à trouver le point B, où la perpendiculaire donnée par l'équerre passe par le point A.

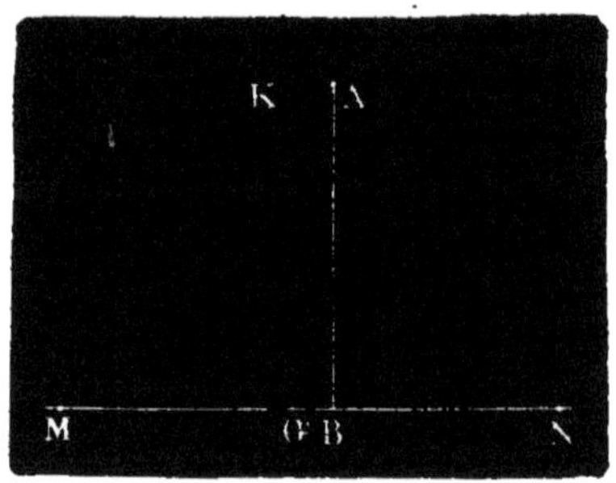

Fig. 202.

IV. — MESURE DES ANGLES SUR LE TERRAIN. GRAPHOMÈTRE[1].

Pour mesurer un angle sur le terrain, par exemple l'angle de deux haies qui bordent un champ, l'angle de deux chemins qui se croisent, on se sert d'un rapporteur en cuivre de plus grandes dimensions que le rapporteur ordinaire : c'est le GRAPHOMÈTRE (fig. 203).

Le long du diamètre est fixée une lunette ou alidade CC'; autour du centre A et sur le plan du demi-cercle peut tourner une autre lunette BB'. Le demi-cercle peut être incliné plus ou moins sur son support. Ayant placé l'instrument sur un trépied, au moyen d'un manche D, au sommet de l'angle à mesurer, on le fait tourner autour de son support pour amener la lunette CC' dans la direc-

1. Le choix du nom de *graphomètre* n'est pas heureux ; car ce mot, formé du grec, signifie *mesure des lignes* et ne rappelle en rien la destination spéciale de l'instrument.

tion de l'un des côtés de l'angle, en visant un jalon planté dans cette direction; puis on amène la lunette mobile dans

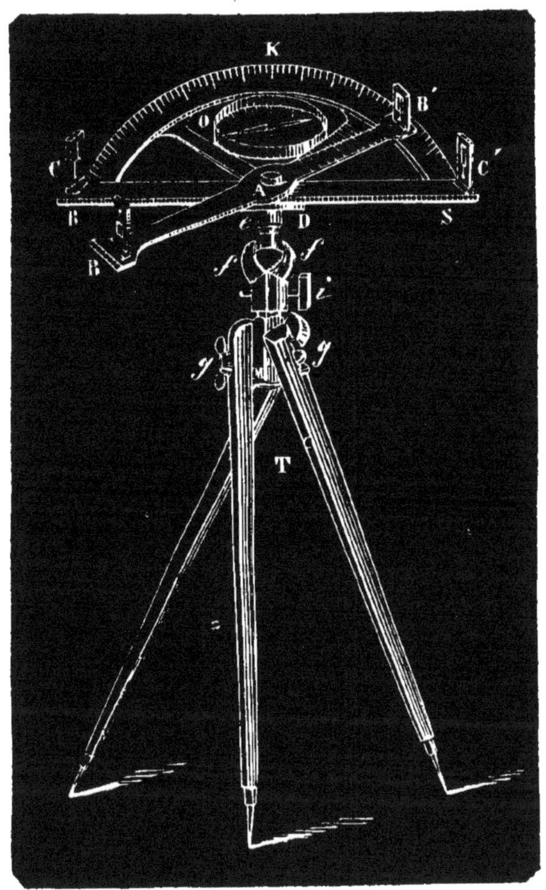

Fig. 203.

la direction de l'autre côté. On lit alors sur l'instrument le nombre de degrés de l'angle compris entre les axes des deux lunettes : c'est l'angle cherché.

V. — ANGLE INSCRIT.

THÉORÈME. — *L'angle inscrit a pour mesure la moitié de l'arc compris entre ses côtés.*

Pour le démontrer, considérons d'abord le cas plus simple où l'un des côtés de l'angle inscrit ABC passe par le centre O (fig. 204).

Fig. 204.

En tirant le diamètre DE parallèle à l'autre côté AB de l'angle, on forme l'angle DOC égal à l'angle ABC et qui a pour mesure l'arc DC; cet arc est donc aussi la mesure de l'angle ABC. Or l'arc DC est égal à l'arc BE, à cause de l'égalité des angles m et n; les arcs BE et AD sont aussi égaux, parce qu'ils sont interceptés entre deux cordes parallèles; donc l'arc AD et l'arc DC sont eux-mêmes égaux. Par suite, l'arc DC est la moitié de l'arc AC, ce qui démontre le théorème.

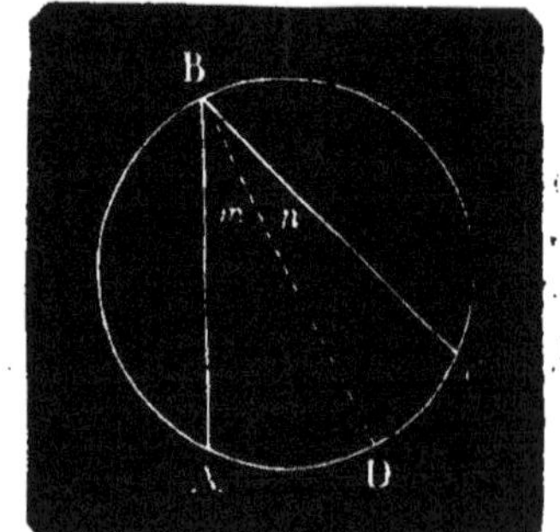

Fig. 205.

Quand le centre se trouve dans l'intérieur de l'angle inscrit (fig. 205), on démontre le théorème en menant du sommet le diamètre BD, qui divise l'angle en deux angles inscrits m et n, ayant le diamètre BD pour côté commun. L'angle m a pour mesure, d'après la démonstration précédente, la moitié de l'arc AD; l'angle n a pour mesure la moitié de l'arc DC; donc leur somme ABC est égale à la moitié de la somme des arcs AD et DC, c'est-à-dire à la moitié de l'arc AC.

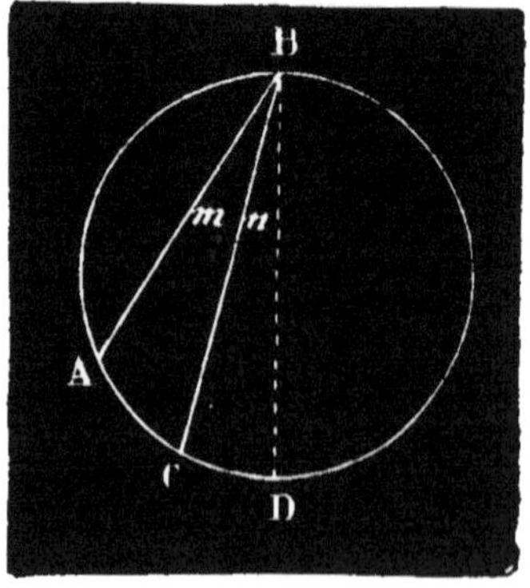

Fig. 206.

Si le centre se trouve hors de l'angle (fig. 206), on tire encore de son sommet le diamètre AD, et on voit que l'angle inscrit m, étant la différence entre les angles ABD et n, a pour mesure la demi-différence des arcs AD et CD, c'est-à-dire la moitié de l'arc AC.

Remarque. — On peut regarder comme angle inscrit l'angle qui, ayant son sommet sur la circonférence, est formé par une corde et une tangente, par exemple l'angle ABC dans la figure 207; car la tangente n'est autre chose qu'une sécante, dont les deux points d'intersection avec la circonférence sont *infiniment voisins* l'un de l'autre, en d'autres termes se confondent.

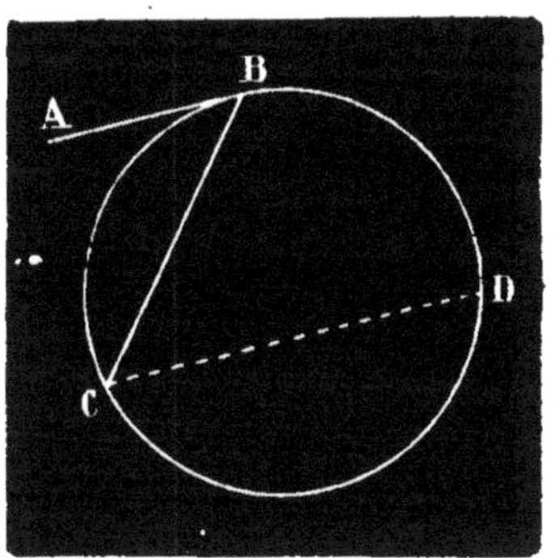

Fig. 207.

VI. — CONSTRUCTION DE L'ELLIPSE PAR POINTS A L'AIDE DU COMPAS.

Soit AA′ et BB′ (fig. 208) les deux axes de l'ellipse. On divise le grand axe AA′ en deux parties par un point N, placé à volonté entre les foyers F et F′. De l'un des foyers F′ pris pour centre, avec la partie A′N pour rayon, on décrit un arc; puis de l'autre foyer F pris pour centre, avec un rayon égal à l'autre partie AN, on décrit un arc qui coupe le premier aux points M et M′. Ces points sont deux points de l'ellipse. Avec les mèmes rayons A′N et AN, on obtient deux autres points M″ et M‴. En variant la position du point N entre F et F′, on aura d'autres rayons pour déterminer autant de points que l'on voudra. Il ne restera plus qu'à faire passer un trait continu par tous ces points pour avoir l'ellipse.

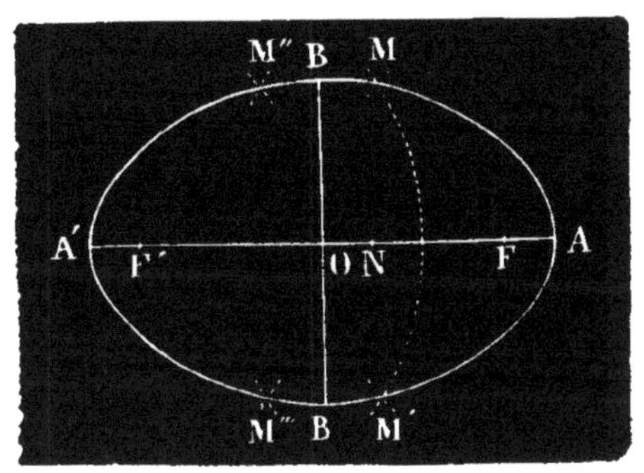

Fig. 208.

VII. — CONSTRUCTION D'UN ARC DE PARABOLE.

Soit F le foyer (fig. 209) et DE la directrice. On mène

par F sur la directrice une perpendiculaire DX, qui sera l'axe. Le point A, milieu de la distance DF, est le sommet de la parabole.

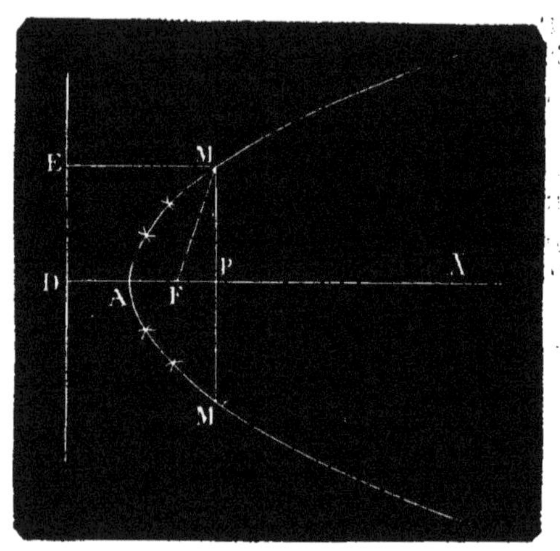

Fig. 209.

Pour avoir un autre point, on mène par un point quelconque P de l'axe une perpendiculaire, et on la coupe par un arc décrit du foyer F pris pour centre avec la distance DP pour rayon ; les deux points M et M', où cet arc coupe la perpendiculaire, sont des points de la parabole. En déplaçant le point P sur l'axe et en répétant la même construction, on obtiendra autant de groupes de deux points qu'on voudra. Il ne restera plus qu'à tirer un trait continu par tous ces points.

VIII. — CONSTRUCTION D'UN TRIANGLE AVEC DEUX COTÉS ET L'ANGLE OPPOSÉ A L'UN DE CES COTÉS.

On donne deux côtés m *et* n *et un angle aigu* A', *le plus petit des deux côtés devant être opposé à l'angle.*

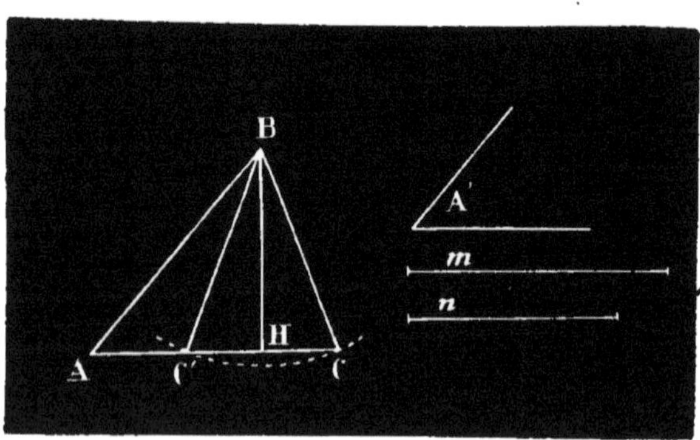

Fig. 210.

Ayant fait un angle A égal à l'angle A' (fig. 210), on

prend sur un des côtés de cet angle une longueur AB égale au plus grand des deux côtés donnés m; puis du point B comme centre, avec un rayon égal à n, on décrit un arc qui coupe le second côté de l'angle en deux points C et C'. En joignant B à C et à C', on obtient deux triangles ABC et ABC', qui satisfont aux conditions données.

Remarques. — 1° Si le plus petit des deux côtés était plus court que la perpendiculaire BH, menée de l'extrémité B sur le second côté de l'angle, le triangle serait impossible; si ce côté était égal à cette perpendiculaire, il n'y aurait qu'un triangle, qui serait le triangle rectangle ABH.

2° Dans le cas où le plus grand côté doit être opposé à l'angle aigu, il n'y a qu'un triangle et il est toujours possible. Il en est de même quand l'angle donné est obtus ou droit.

IX. — SYSTÈMES DE TROIS DROITES QUI SE COUPENT AU MÊME POINT DANS UN TRIANGLE.

Au triangle se rattachent quatre systèmes de trois droites qui se coupent au même point.

1° *Les perpendiculaires élevées aux milieux des trois côtés.*

Cela résulte du tracé de la circonférence passant par trois points non en ligne droite, comme on l'a expliqué au n° 46.

Le point d'intersection de ces trois perpendiculaires est le centre de la circonférence *circonscrite* au triangle.

2° *Les bissectrices des trois angles.*

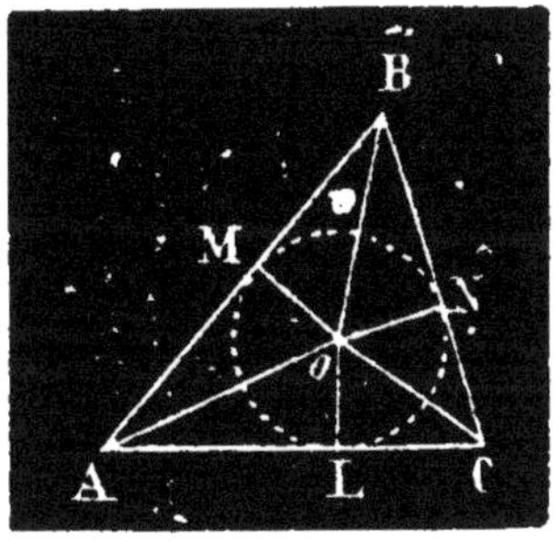

Fig. 211.

Considérons les bissectrices AO et CO (fig. 211) des angles BAC et BCA qui se coupent au point O. Chaque point de la bissectrice d'un angle étant également distant des deux côtés de l'angle, le point O de la bissectrice AO est également distant des côtés AB et AC; appartenant aussi à la bissectrice de l'angle BCA, il est également distant des côtés CA et CB; il se trouve ainsi également distant des côtés BA et BC, et par conséquent la bissectrice de l'angle ABC passe au point O où se coupent les deux autres.

Les trois perpendiculaires OL, OM, ON menées de ce point sur les trois côtés sont égales. Si donc, en prenant le point O pour centre, on décrit une circonférence avec OL pour rayon, elle touchera les trois côtés du triangle aux points L, M et N. C'est la circonférence *inscrite* au triangle.

3° *Les trois médianes.*

On appelle *médianes* d'un triangle les droites qui joignent chaque sommet au milieu du côté opposé.

Pour démontrer que les médianes se coupent au même point, il faut se rappeler que *la droite qui joint les milieux de deux côtés d'un triangle est parallèle au troisième côté et en vaut la moitié.* (Voir le n° 105.)

Soient A', B', C' les milieux des trois côtés du triangle ABC (fig. 212) et O le point d'intersection des deux médianes AA' et CC'; prenons les milieux D et F des droites AO et CO, et tirons les droites DF, DC', C'A', A'F.

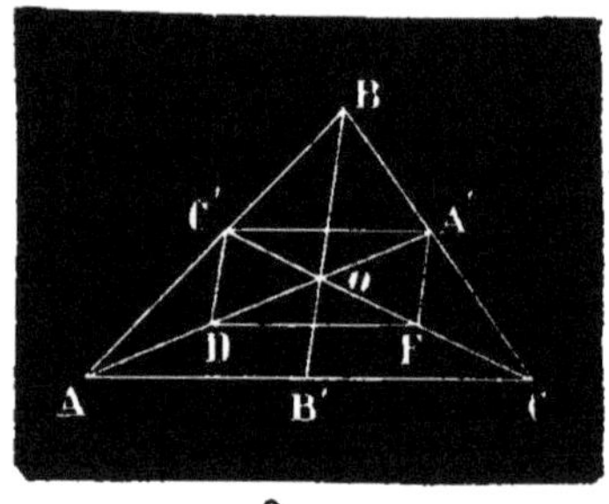

Fig. 212.

La droite C'A' joignant les milieux des côtés BA et BC est parallèle à AC et est égale à sa moitié; de même la droite droite DF joignant les milieux des côtés OA et OC du triangle AOC est parallèle à AC et est égale à sa moitié; les deux droites C'A' et DF se trouvent ainsi égales et parallèles entre elles, et par conséquent le quadrilatère C'DFA' est un parallélogramme. Or, dans un parallélogramme, les diagonales se coupent en leur milieu; donc OA' égale OD et DA et est par conséquent le tiers de AA'; de même OC' égale OF et FC et est le tiers de CC'.

Ainsi le point d'intersection de deux médianes divise chacune en deux parties telles que celle qui aboutit au milieu du côté est le tiers de la médiane entière. La troisième médiane BB' doit couper par conséquent la médiane AA' au point O.

4° *Les trois hauteurs du triangle.*

Pour le démontrer, on mène par chaque sommet du triangle une droite parallèle au côté opposé, ce qui forme un triangle qui est circonscrit au premier, et on démontre que les sommets A, B, C du premier triangle sont les milieux des côtés du second.

C'est un exercice que nous laissons à faire au lecteur.

X. — CONSTRUCTION DE L'OCTOGONE RÉGULIER SUR UN CÔTÉ DONNÉ.

Soit AB (fig. 213) le côté donné pour l'octogone. Au milieu de cette droite, on élève une perpendiculaire sur laquelle on prend une longueur CD égale à CA ; à la suite on porte une longueur DO égale à DA. Le point O est le centre du cercle à décrire par les extrémités A et B du côté AB, et l'arc AB est la 8e partie de cette circonférence. On n'a plus qu'à porter huit fois sur la circonférence une ouverture de compas égale à AB, et à mener les cordes des huit arcs, pour avoir l'octogone demandé.

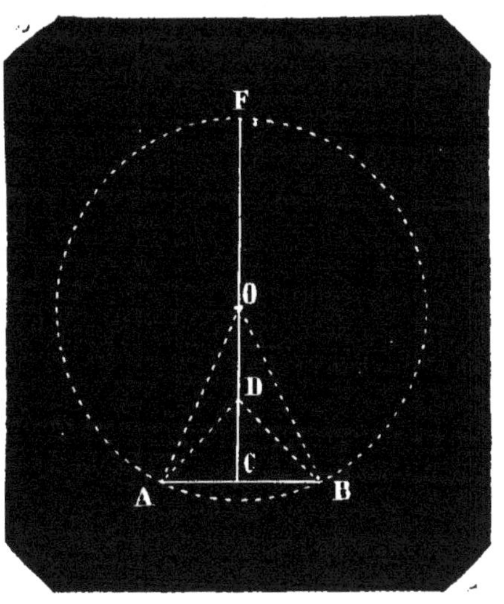

Fig. 213.

En effet, dans le triangle rectangle isoscèle ACD, l'angle ADC est égal à 45°. Il est le supplément de l'angle adjacent ADO, et par suite égal à la somme des deux angles égaux DAO et AOD du triangle isoscèle ADO; donc l'angle AOC est la moitié de 45°, et l'angle AOB qui en est le double est égal à 45°. Cet angle AOB est donc l'angle au centre de l'octogone régulier inscrit dans le cercle, et le triangle isoscèle AOB est l'un des huit triangles isoscèles dont se compose cet octogone.

XI. — CONSTRUCTION DU DODÉCAGONE RÉGULIER SUR UN CÔTÉ DONNÉ.

Soit AB le côté donné (fig. 214) pour le dodécagone.

Sur ce côté, on construit un triangle équilatéral ABD, et on élève au milieu C de la base une perpendiculaire. A partir du sommet D, on porte sur cette perpendiculaire une longueur DO égale à DA. Le point O est le centre de la circonférence à décrire par les extrémités A et B et l'arc AB est la 12e partie de cette circonférence.

La démonstration est analogue à celle qui a été donnée ci-dessus pour l'octogone

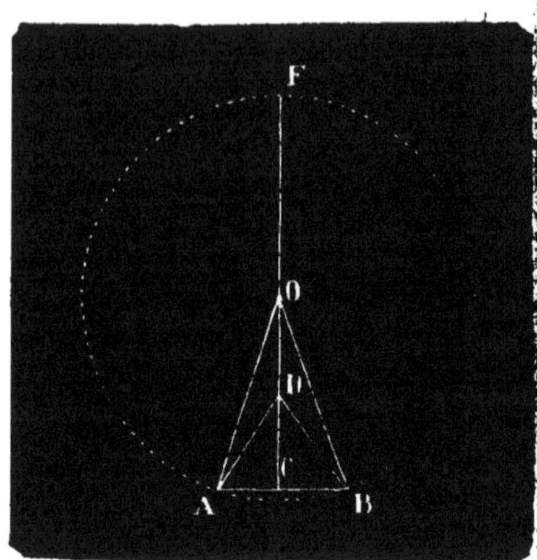

Fig. 214.

XII. — SURFACE D'UN TRIANGLE EN FONCTION DES TROIS COTÉS.

Quand on connaît les trois côtés d'un triangle, on peut calculer sa surface T, conformément à la formule suivante, où les lettres a, b, c représentent les trois côtés et p leur demi-somme, c'est-à-dire le demi-périmètre du triangle.

$$T \sqrt{p \times (p-a) \times (p-b) \times (p-c)}.$$

XIII. — DIVISION D'UNE DROITE EN PARTIES ÉGALES.

Soit à diviser la droite m en cinq parties égales (fig. 215). Sur une droite indéfinie, on porte à partir d'un point C, et les unes à la suite des autres, cinq longueurs égales, mais prises à volonté, ce qui donne la distance CD. On construit sur CD comme base un triangle équilatéral OCD ; sur les côtés, on prend OA = OB = m et on joint A et B. On tire ensuite aux points de division de la base des droites partant du sommet O ; ces droites divisent la droite AB en cinq parties égales.

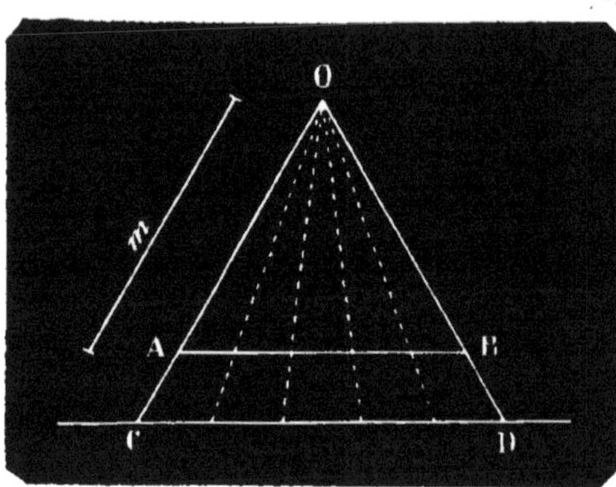

Fig. 215.

La démonstration se tire de la similitude des triangles.

XIV. — THÉORÈME SUR UNE DROITE MOYENNNE PROPORTIONNELLE ENTRE DEUX DROITES.

Lorsqu'une tangente et une sécante menées d'un même point se terminent à la circonférence, la tangente est moyenne proportionnelle entre la sécante entière et sa partie extérieure.

Soit la tangente AB (fig. 216) et la sécante AC.

Pour démontrer que AB est moyenne proportionnelle entre AC et AD, on tire les cordes BC et BD, ce qui forme deux triangles ABD et ABC qui sont semblables. En effet, ils ont d'abord l'angle A commun ; en outre l'angle inscrit C et l'angle ABD sont égaux, comme ayant tous deux pour mesure la moitié de l'arc BD.

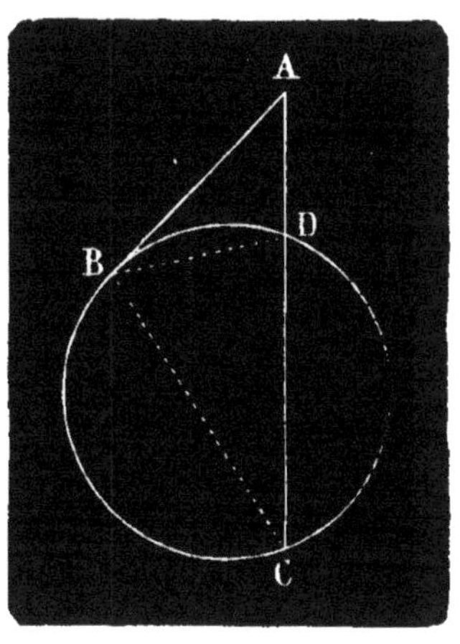

Fig. 216.

Ces triangles étant semblables, leurs côtés homologues sont proportionnels. Le rapport entre AD, le plus petit côté du premier triangle ABD, et AB, le plus petit côté du deuxième triangle ABC, est donc égal au rapport qu'il y a entre AB, le plus grand côté du premier triangle, et AC, le plus grand côté du deuxième triangle ; on a ainsi la proportion

$$\frac{AD}{AB} = \frac{AB}{AC}.$$

On en tire cette autre égalité

$$AB^2 = AD \times AC.$$

On voit donc que *le carré de la tangente est égal au produit de la sécante par sa partie extérieure.*

Ainsi un carré qui aurait son côté égal à AB serait équivalent à un rectangle ayant AC pour base et AD pour hauteur.

XV. — ÉQUIVALENCE DES VOLUMES DE DEUX PYRAMIDES AYANT MÊME HAUTEUR ET DES BASES ÉQUIVALENTES.

Quelque forme que les auteurs donnent à la démonstration de ce théorème, elle se réduit toujours à envisager

10

les deux pyramides comme étant les sommes d'un même nombre de prismes infiniment minces, respectivement équivalents. C'est une explication tout à fait analogue à celle que nous avons donnée pour l'équivalence des volumes de deux prismes, l'un oblique, l'autre droit, ayant la même base et la même hauteur (n° 153).

Imaginons pour cela que deux paquets soient composés de 1000 cartes, toutes de même épaisseur et bien serrées. Dans l'un, on découpe une pyramide triangulaire et dans l'autre une pyramide quadrangulaire, de telle sorte que le quadrilatère et le triangle, qui leur servent de base, soient équivalents en surface. Les mille pièces triangulaires et les mille quadrangulaires dont se composent les deux pyramides peuvent être regardées comme des prismes, et cette supposition diffère d'autant moins de la réalité que l'épaisseur de chacune est plus petite. Or deux prismes situés au même rang dans les deux pyramides ont des bases équivalentes et la même hauteur, qui est l'épaisseur de la carte ; ils sont donc équivalents en volume. Donc la somme des uns est équivalente à la somme des autres, ce qui revient à dire que les deux pyramides sont équivalentes.

XVI. — POLYÈDRES RÉGULIERS.

On appelle POLYÈDRE RÉGULIER *un polyèdre dont toutes les faces sont des polygones réguliers égaux.*

Dans un polyèdre ainsi formé, tous les éléments de même espèce sont égaux, c'est-à-dire toutes les arêtes, tous les angles dièdres, tous les angles polyèdres formés aux divers sommets.

Il y a des polygones réguliers d'un nombre quelconque de côtés ; mais il n'en est pas de même pour les polyèdres. On ne peut former que cinq polyèdres réguliers ; l'un est l'*hexaèdre régulier* ou *cube*.

Les quatre autres sont :

1° Le *tétraèdre*, composé de 4 triangles équilatéraux ;
2° L'*octaèdre*, composé de 8 triangles équilatéraux ;
3° Le *dodécaèdre*, composé de 12 pentagones réguliers ;
4° L'*icosaèdre*, composé de 20 triangles équilatéraux.

Le tétraèdre est une pyramide régulière ayant pour base un triangle équilatéral.

L'octaèdre peut être regardé comme l'assemblage de

deux pyramides régulières égales, ayant pour base commune un carré dont les côtés sont égaux à ceux des triangles.

Ces polyèdres ont trop peu d'utilité pratique pour que nous en disions davantage. Nous donnerons seulement la formule qui exprime le volume du tétraèdre en fonction de l'arête. Si l'on désigne ce volume par V et l'arête par a, on a

$$V = \frac{a^3\sqrt{2}}{12}.$$

XVII. — TABLE DES DENSITÉS DES CORPS LES PLUS IMPORTANTS

Platine	21,53	Mercure	13,596
Or fondu	19,26	Glace	0,918
Or à 0,900 *	17,408	Alcool	0,79
Argent fondu	10,47	Éther	0,73
Argent à 0,900	10,286	Vin	0,99
Argent à 0,835	10,071	Eau de mer (*en moyenne*)	1,026
Plomb fondu	11,35	Huile d'olive	0,915
Cuivre forgé	8,95	Lait	1,03
Cuivre jaune	8,427	Caoutchouc	0,989
Étain	7,29	Liège	0,24
Zinc	7,19	Sapin	0,49
Fer	7,79	Marbre	2,70
Aluminium laminé	2,67	Calcaire	2,00

Poids du litre d'air à la température de zéro et au niveau de la mer 1gr,293

L'hydrogène, le plus léger de tous les corps, ne pèse que la 14e partie du poids de l'air.

* C'est grâce à l'obligeance de M. le contre-amiral Mouchez, directeur de l'Observatoire, que nous avons pu insérer dans cette table les densités de l'or et de l'argent monnayés; il a bien voulu se les procurer pour nous à l'Hôtel des monnaies.

XVIII. — TABLE DES RAYONS DES PARALLÈLES TERRESTRES QUI TRAVERSENT LA FRANCE

(*Le rayon de la terre est pris pour unité.*)

42°	0,743	47°	0,682
43°	0,731	48°	0,669
44°	0,719	49°	0,656
45°	0,707	50°	0,643
46°	0,694	51°	0,629

PROBLÈMES GRAPHIQUES

CHAPITRES I, II, III, IV.

1. Ayant tiré une droite AB de 30mm, trouver un point qui soit à 20mm du point A et à 18mm du point B. Abaisser de ce point une perpendiculaire sur AB et indiquer sa longueur.
2. Ayant tiré une droite AB de 27mm, trouver un point qui soit à 22mm de chacune de ses extrémités. Abaisser une perpendiculaire de ce point sur AB et indiquer sa longueur.
3. Une droite AB ayant 28mm, trouver un point qui soit à 12mm du milieu de cette droite et à 13mm de l'extrémité A. Indiquer la distance de ce point à l'autre extrémité B.
4. En deux points A et B d'une droite MN, séparés par une distance de 12mm, élever deux perpendiculaires égales à cette distance.
5. Prendre un point situé à 15mm d'une droite indéfinie MN et de ce point mener à la rencontre de cette droite deux obliques ayant toutes deux une longueur de 22mm.
6. Sur le milieu d'une droite AB de 22mm, élever une perpendiculaire ayant 20mm à partir de la droite et trouver la distance de l'extrémité de cette perpendiculaire aux deux extrémités de la droite.
7. Par un point C situé à 8mm d'une droite indéfinie AB, mener une parallèle à cette droite.
8. Ayant tiré une droite AB de 28mm, trouver un point qui soit distant de 10mm de cette droite et de 25mm du point A.
9. Aux extrémités d'une droite AB ayant 18mm, élever deux perpendiculaires égales à 14mm à partir de ces points; joindre leurs extrémités par une droite, et trouver la longueur de cette droite.
10. Aux extrémités d'une droite AB de 30mm, élever deux perpendiculaires de 10mm et au milieu une perpendiculaire de 20mm; joindre l'extrémité de cette dernière perpendiculaire aux extrémités des deux autres et indiquer la longueur des droites qui joignent ces points.

CHAPITRES V, VI, VII.

11. Construire à l'aide du rapporteur un angle égal à la somme de deux angles ayant l'un 60° et l'autre 102°. — Construire un angle égal à leur différence.
12. Construire un angle double d'un angle de 24°, un angle triple, un angle égal à une fois et demie le premier.
13. Construire un angle de 80°; mener la bissectrice de cet angle; et d'un point de la bissectrice situé à 20mm du sommet abaisser deux perpendiculaires sur les côtés. Indiquer la longueur de ces perpendiculaires.

14. Construire un angle de 70° et élever sur les deux côtés deux perpendiculaires en deux point situés à 18mm du sommet. Indiquer la longueur de ces perpendiculaires jusqu'à leur point de rencontre et la distance du sommet de l'angle à ce point.

15. D'un point A pris sur une droite BC mener une droite AD qui fasse avec AC un angle de 50°; mener les bissectrices des deux angles BAD et DAC, et indiquer l'angle des deux bissectrices.

16. Construire un angle BAC de 72°. En son sommet A, élever sur le côté AC une perpendiculaire AO de 10mm et mener par le point O deux droites indéfinies parallèles aux côtés de l'angle. Quelle relation y a-t-il entre les quatre angles ainsi formés au point O et l'angle BAC?

17. Même problème en menant par le point O des droites perpendiculaires aux deux côtés de l'angle BAC.

18. Décrire avec un rayon de 16mm une circonférence passant par deux points A et B distants l'un de l'autre de 14mm.

19. Une droite AB ayant 15mm, trouver un point C situé à 12mm du point A et à 18mm du point C et décrire une circonférence par ces trois points. Indiquer la grandeur du rayon.

20. Décrire une circonférence avec un rayon de 16mm, et tirer d'un même point A de cette circonférence deux cordes AB et AC égales au rayon. Indiquer la longueur de la corde BC qui unit leurs extrémités et la distance de cette corde au centre.

21. Dans une circonférence décrite avec un rayon quelconque, on prend l'un à la suite de l'autre deux arcs égaux AB et BC. La corde AC est-elle double de la corde AB?

22. Des deux extrémités d'une droite AB de 20mm prises pour centres, décrire deux circonférences ayant l'une un rayon de 14mm et l'autre un rayon de 12mm. Dire la longueur de la corde qui unit les deux points d'intersection et les distances de l'un de ces points à chaque centre.

23. Par un point A marqué sur une circonférence qui a un rayon de 20mm, mener une tangente prolongée à droite et à gauche du point de tangence d'une longueur de 14mm et indiquer les distances du centre aux deux extrémités de cette tangente.

24. Dans un cercle de 16mm de rayon, mener un diamètre AB et tirer par les points A et B deux tangentes en prolongeant chacune d'une longueur égale au rayon à droite et à gauche du point de contact; joindre par des droites les extrémités situées du même côté de AB et celles qui sont à droite et à gauche de AB et dire les longueurs de ces droites.

25. Des deux extrémités d'une droite AB de 20mm prises pour centres, décrire deux circonférences dont la première aura un rayon de 14mm et dont l'autre sera tangente extérieurement à la première et en outre tangente enveloppant la première.

26. Décrire un ove sur un diamètre de 20mm. Dire les longueurs des rayons employés à décrire les autres arcs de la courbe.

27. Sur un ove de 30mm, décrire un ovale ayant deux centres sur cette droite et indiquer les rayons des deux arcs qui raccordent ceux qui ont ces deux centres.

28. Construction de l'ovale sur le même axe en prenant trois centres sur cet axe.

29. Construire une anse de panier avec un grand axe de 34mm et un petit axe de 22mm.

30. Construire une spirale à deux tours complets au moyen d'un carré ayant trois quarts de centimètre de côté.

CHAPITRES VIII, IX.

31. Construire un triangle équilatéral dont les côtés auront 28mm; trouver le nombre de millimètres des hauteurs et des deux parties dans lesquelles elles se divisent mutuellement.

32. Construire un triangle isoscèle ayant une base de 20mm, chacun des deux autres côtés devant avoir 30mm; indiquer la grandeur des trois angles et celle des trois hauteurs.

33. Construire un triangle dont les trois côtés auront 34mm, 27mm et 24mm; indiquer les grandeurs des trois angles et les trois hauteurs.

34. Mener dans le même triangle les bissectrices de deux angles: abaisser des perpendiculaires de leur point de rencontre sur les trois côtés, et montrer qu'elles doivent être égales.

35. Inscrire une circonférence dans ce même triangle.

36. Construire un triangle rectangle avec une hypoténuse de 30mm et un autre côté de 18mm; indiquer la longueur du troisième côté et la grandeur des angles.

37. Construire un carré dont la diagonale aura 35mm; indiquer la longueur des côtés.

38. Construire un rectangle dont la diagonale aura 32mm et la base 28mm; dire le nombre de millimètres de la hauteur.

39. Construire un losange dont les deux diagonales auront 36mm et 28mm; indiquer les longueurs des côtés et la grandeur des angles.

40. Construire un parallélogramme dont les deux côtés auront 30mm et 12mm et une diagonale 24mm.

41. Inscrire dans un cercle de 15mm de rayon un hexagone régulier et un triangle équilatéral; trouver la longueur des côtés de ces deux polygones.

42. Construire un hexagone régulier ayant un côté de 25mm; indiquer la distance du centre aux côtés.

43. Construire un octogone régulier ayant un côté de 24mm; indiquer la distance du centre aux sommets et celle du centre aux côtés.

44. Construire un décagone régulier ayant 20mm de côté; indiquer la distance du centre aux sommets et ou sa distance aux côtés.

45. Inscrire dans un cercle de 20mm de rayon un pentagone régulier; indiquer la longueur des côtés et la distance du centre aux côtés.

PROBLÈMES NUMÉRIQUES

CHAPITRE X.

46. Calculer la longueur d'une circonférence ayant un rayon de 6m,45.

47. Calculer le diamètre d'un cercle dont le contour a 20m,35.

48. Calculer la longueur d'un arc de 56° pris sur une circonférence ayant un rayon de $7^m,45$.
49. Calculer la longueur d'un arc de 62°27′ pris sur une circonférence d'un rayon de $8^m,32$.
50. Calculer le rayon d'un cercle en sachant qu'un arc de 24° pris sur sa circonférence a $2^m,38$.
51. Même problème en prenant un arc de 24°48′.
52. Calculer le nombre de degrés, de minutes et de secondes d'un arc qui aurait une longueur égale au rayon.
53. Une roue doit avoir un diamètre de $1^m,35$; quelle est la longueur de la bande de fer que doit prendre le charron pour faire le cercle dont elle doit être entourée?
54. Un cirque a la forme d'un cercle ; calculer son diamètre en sachant que pour en faire le tour on a fait 632 pas et que 15 pas valent 10 mètres.

CHAPITRE XI.

55. Calculer la surface d'une table carrée dont le côté a $1^m,45$.
56. Calculer la surface d'un plancher rectangulaire dont la longueur est de $8^m,25$ et la largeur de $7^m,15$.
57. Calculer le prix d'un jardin carré de $68^m,7$ de longueur, acheté au prix de 7845 francs l'hectare.
58. On achète une prairie rectangulaire pour le prix de 45 francs l'are; quelle somme coûte-t-elle, si elle a une longueur de 236^m et une largeur de 158^m?
59. Calculer la surface d'une cour triangulaire dont un côté a 24^m, la distance du sommet opposé à ce côté étant de $19^m,35$.
60. Calculer la surface d'une feuille de fer-blanc taillée en forme de losange, en sachant que l'une de ses diagonales a 68^{cm} et l'autre 54^{cm}.
61. On veut faire un parquet rectangulaire avec des planchettes en forme de parallélogramme ayant 42^{cm} de longueur et 15^{cm} de largeur; combien en devra-t-on employer, si la longueur du parquet a $9^m,32$ et si sa largeur est les trois quarts de la longueur?
62. Un champ a la forme d'un trapèze dont les côtés parallèles ont l'un $124^m,5$ et l'autre $95^m,36$; leur distance est de 84^m. Calculer sa surface.
63. Calculer la longueur d'un champ rectangulaire ayant une surface de 1 hectare trois quarts et une largeur de 125^m.
64. Calculer la surface d'une table ronde ayant un diamètre de $1^m,48$.
65. Calculer la surface du fond d'un bassin circulaire ayant une circonférence de $15^m,68$.
66. Calculer le rayon d'un cercle qui aurait une surface de 100 ^{mq}.
67. Calculer la surface d'un secteur circulaire de 64°, ayant un rayon de $12^m,65$.
68. Calculer le rayon d'un cercle dans lequel un secteur de 118° a une surface de 50^{mq}.
69. Calculer la longueur que doit avoir une échelle dont le pied est à $3^m,75$ du pied d'un mur pour atteindre le sommet du mur qui a une hauteur de $15^m,75$.

PROBLÈMES NUMÉRIQUES SUR LES SURFACES ET LES VOLUMES DES POLYÈDRES.

70. Calculer la surface totale d'une boîte cubique qui aurait une arête de 24 centimètres; calculer son volume.
71. Calculer la surface totale d'une règle de bois ayant 42^{cm} de longueur, 31^{mm} de largeur et 15^{mm} d'épaisseur; calculer son volume.
72. Calculer le nombre de stères contenus dans une pile de bois ayant $8^{m},50$ de longueur, $1^{m},35$ de hauteur et formée de bûches longues de $0^{m},82$.
73. Un bassin de forme rectangulaire plein d'eau contient 132 hectolitres et la profondeur de l'eau a $1^{m},32$; calculer la surface de l'eau.
74. Quelle longueur faut-il donner à une caisse rectangulaire en zinc pour qu'elle ait une capacité de 1 hectolitre trois quarts avec une largeur de $1^{m},3$ et une profondeur de $0^{m},85$?
75. Calculer la surface d'une colonne cylindrique ayant une hauteur de $3^{m},25$ et une circonférence de $1^{m},16$.
76. Calculer la surface intérieure d'un bassin cylindrique, y compris celle du fond, en sachant que la profondeur est de $1^{m},48$ et que le diamètre du fond a $4^{m},32$.
77. Calculer la capacité du même bassin cylindrique.
78. Quelle est la surface du fond d'un bassin cylindrique ayant une capacité de 250 hectolitres et une profondeur de $2^{m},35$?
79. Quel est le poids d'une barre de fer rectangulaire ayant $1^{m},82$ de longueur, 28^{cm} de largeur et 75^{mm} d'épaisseur, la densité du fer étant 7,79?
80. Quel est le poids d'une barre cylindrique de fer ayant $1^{m},36$ de longueur et une circonférence de 64^{mm}?
81. Un seau cylindrique a une profondeur de 42^{cm} et un diamètre égal à sa profondeur; quel doit être le diamètre d'un autre qui aurait une capacité double et une profondeur égale aux deux tiers seulement de celle du premier?
82. Un tuyau de plomb a $2^{m},45$ de longueur, 1^{cm} d'épaisseur et un diamètre intérieur de 52^{mm}; calculer son poids, en sachant que la densité du plomb est 11,35.
83. Un vase de zinc en forme d'entonnoir et terminé en pointe a sur son bord extérieur une circonférence de 74^{cm}; calculer sa surface extérieure.
84. Une pierre taillée en forme de pyramide a pour base un carré de 64^{cm} de côté; la hauteur a $1^{m},16$; calculer le volume de cette pyramide et son poids, en sachant que la densité de cette pierre est 2,5.
85. Un cône de bois a une hauteur de 35^{cm} et une circonférence de 84^{cm} à sa base; calculer son volume et son poids, en sachant que la densité du bois dont il est fait est 0,92.
86. Calculer le nombre de mètres cubes d'un tas de pierres cassées ayant pour base sur le sol un carré de $4^{m},25$ de côté, pour base supérieure un carré de $2^{m},18$ et une hauteur verticale de $1^{m},35$.
87. Un seau en zinc a un fond dont le diamètre est de 25^{cm}; la cir-

conférence de l'ouverture est de $1^m,15$ et la distance des deux circonférences est de 68^{cm}. Calculer la surface de la feuille employée pour la construction de ce seau, sans compter le fond

88. Calculer en litres la capacité d'un seau qui ne diffère du précédent que par la profondeur qui est de 75^{cm}.

89. Calculer la capacité d'une cuve ayant une profondeur de $1^m,84$, un diamètre de $2^m,68$ au fond et une circonférence de $9^m,45$ à son ouverture.

90. Un globe terrestre a un diamètre de 32^{cm} : calculer sa surface.

91. Une boule de cuivre qui est fixée au sommet d'une colonne a un diamètre de 36^{cm}. Quel est son volume ?

92. Calculer le poids d'une balle de plomb qui aurait un diamètre de 1 centimètre et demi, la densité du plomb étant 11,35.

93. Une chaudière a la forme d'une demi-sphère ; sa profondeur est de 42^{cm} : calculer sa surface intérieure et sa capacité.

94. La terre étant une sphère de 6 366 kilomètres de rayon, calculer sa surface.

95. Un ballon gonflé d'hydrogène a la forme d'une sphère d'une hauteur de $18^m,5$; quel est le nombre d'hectolitres d'hydrogène qu'il renferme ?

96. Une sphère d'argent d'une épaisseur de 1^{cm} a un diamètre extérieur égal à 28^{cm} ; quel en est le poids, la densité de l'argent étant 10,47 ?

97. Un chasseur a 15 balles de plomb, qui ont un diamètre de 6^{mm} : calculer le poids du plomb qui a été employé pour la fabrication de ces balles.

98. Deux globes terrestres ont l'un un diamètre égal aux deux tiers du diamètre de l'autre ; calculer leurs surfaces et leurs volumes, en sachant que le diamètre du plus petit a 24 centimètres.

99. Un vase cylindrique plein d'eau a une profondeur de 36^{cm} et son diamètre est égal à sa profondeur. On y plonge une boule de plomb ayant le même diamètre que le cylindre. Quel est en litres la quantité qui reste dans le cylindre ?

100. Sur une sphère un arc de grand cercle de 48° a une longueur de 75^{cm} ; calculer la surface et le volume de la sphère.

PROBLÈMES

DONNÉS DANS LES EXAMENS DU BREVET SUPÉRIEUR

101. Tracer un cadre de 15^{cm} de longueur sur 8^{cm} de largeur. Substituer aux quatre angles droits quatre quarts de rond de 2^{cm} de rayon. (*Paris*, 1878. *Aspirantes.*)

102. Construction d'une doucine. Indiquer les détails de la construction par des lignes pointillées. (*Paris*, 1876.)

103. Construire un ovale composé de quatre arcs de cercle qui se raccordent. On prendra pour centres les sommets d'un losange dont les diagonales ont l'une 60^{mm} et l'autre 40^{mm}. Les rayons des grands arcs auront 65^{mm} et les autres seront d'une longueur convenable pour que les arcs se raccordent.
(*Paris*, 1877. *Aspirants*).

104. Tracer la courbe appelée anse de panier; lui donner pour longueur horizontale 8cm. (*Clermont*, 1876. *Aspirantes.*)

105. Tracer par points une ellipse dont les axes ont 13cm et 8cm. Indiquer sommairement la marche à suivre et dire si l'ellipse pourrait être tracée d'une autre manière. (*Douai*, 1878. *Aspirants.*)

106. Une porte vitrée a 4m,50 de hauteur et 1m,50 de largeur. Il y a deux rangées verticales de carreaux; chaque carreau a 66cm de côté et est séparé du suivant par une traverse de 6cm à arête saillante sur le milieu. Le bord supérieur des carreaux de la 1re rangée horizontale est à 12cm du haut de la porte. Exécuter le dessin de cette porte suivant l'échelle de 4cm par mètre. On ne représentera que la face antérieure de la porte.
(*Chambéry*, 1876. *Aspirantes.*)

107. Un rectangle a 3cm de hauteur et 12cm de longueur. On divise sa longueur en 8 parties égales et sa hauteur en 2; par tous les points de division on mène des parallèles à ses côtés. De chaque point d'intersection, décrire deux circonférences concentriques, la plus grande étant tangente aux côtés du rectangle, la plus petite ayant 3mm de moins au rayon. — Le rectangle sera enveloppé par un autre dont les côtés sont parallèles aux siens et situés à 8mm du côté correspondant. (*Grenoble*, 1877. *Aspirantes.*)

108. Inscrire un hexagone régulier dans un cercle; donner le procédé pratique et le justifier. — Indiquer les polygones réguliers qu'on peut inscrire à l'aide de l'hexagone. (*Paris*, 1877. *Aspirantes.*)

109. On donne trois points A, B, C, tels que la distance de A à B a 28mm et la distance BC en a 15; l'angle formé par les droites AB et BC a 60°. Décrire une circonférence passant par ces trois points et évaluer à 1mm près le rayon de cette circonférence. — On indiquera le procédé qu'on aura employé pour construire l'angle de 60° sans l'aide du rapporteur. (*Seine-et-Marne*, 1878. *Aspirantes.*)

110. Construire un polygone régulier de 12 côtés ayant chacun 12mm. Tracer le cercle inscrit dans ce polygone; mesurer à moins d'un demi-millimètre près le rayon de ce cercle. Calculer en millimètres carrés la surface du polygone régulier.

Après avoir numéroté les sommets de 1 à 12, on joindra le point 1 au point 6, le point 6 au point 11 et ainsi de suite, en traçant des cordes sous-tendant 5 douzièmes de la circonférence. On formera ainsi une étoile à 12 pointes, renfermant dans son intérieur un petit polygone régulier de 12 côtés.
(*Paris*, 1877. *Aspirantes.*)

111. Décrire une circonférence de 1dm de diamètre; y inscrire un polygone régulier de 12 côtés; construire sur six de ses côtés, en dehors du polygone et en prenant ces côtés de deux en deux, six carrés; construire six triangles isoscèles ayant pour bases les six autres côtés et de telle manière que les sommets de ces triangles soient à la même distance du centre que le milieu du côté du carré qui est le plus éloigné du centre.

En mettant à l'encre, on effacera la circonférence primitive, qui doit être tracée seulement au crayon.
(*Toulouse*, 1878. *Aspirants.*)

112. A un cercle de 35mm de rayon circonscrire un décagone régulier, et dans le même cercle inscrire un pentagone régulier étoilé. Expliquer la construction. (*Paris*, 1878. *Aspirantes.*)

113. Construire un décagone régulier de 3cm de côté. De chaque

sommet pris pour centre, décrire une circonférence ayant pour rayon la longueur du côté du polygone. — Tracer ensuite une circonférence ayant pour centre le centre du polygone et tangente à toutes les circonférences précédentes en les enveloppant. — Décrire enfin une circonférence concentrique de cette dernière et dont la longueur soit les 9 septièmes de la longueur de la circonférence enveloppée.

Représenter en traits pointillés le décagone et les constructions employées pour le tracer. (*Grenoble*, 1877. *Aspirants.*)

114. Inscrire dans une circonférence de 1^{dm} de rayon un décagone régulier et joindre au centre les milieux des côtés. Relier ensuite le milieu de chaque côté au milieu du côté suivant par un arc extérieur au polygone et ayant pour centre le sommet du polygone compris entre ces deux milieux.

On tracera en traits pointillés le décagone, la circonférence dans laquelle il est inscrit et la construction employée pour diviser la circonférence en 10 parties égales.
(*Grenoble*, 1878. *Aspirantes.*)

115. Par un point situé à 5^{cm} du centre d'un cercle qui a un rayon de 3^{cm}, faire passer une sécante qui laisse à l'intérieur du cercle une corde égale au rayon. (*Paris*, 1876. *Aspirants.*)

116. Circonscrire à un cercle de 2^{cm} de rayon un losange dont l'un des angles ait 60°. (*Paris*, 1876. *Aspirants.*)

117. Construire un quadrilatère dont trois côtés consécutifs ont respectivement 58^{mm}, 43^{mm}, 38^{mm}. En outre les angles compris entre ces côtés sont de 120° et de 135°.

Le quadrilatère étant construit, on calculera sa surface, en mesurant sur la figure les lignes dont la connaissance est nécessaire pour exécuter ce calcul. (*Paris*, 1876. *Aspirants.*)

118. Construire un triangle rectangle isoscèle dont l'hypoténuse ait 8^{cm} et faire un carré dont la surface soit triple de celle du triangle. (*Paris*, 1877. *Aspirants.*)

119. On construit un angle BAC de 75°. Sur le côté AB, on prend à partir du sommet A une longueur AD de 10^{mm} et une longueur AE de 25^{mm}. Tracer une circonférence passant par les deux points D et E et tangente au côté AC.

On construira l'angle sans le secours du rapporteur et on mesurera à 1^{mm} près le rayon de la circonférence.
(*Loiret*, 1878. *Aspirants.*)

120. Construire un trapèze dont les bases ont 103^{mm} et 54^{mm}, les deux autres côtés ayant l'un 50^{mm} et l'autre 63^{mm}. Mesurer les angles. Transformer le trapèze en un triangle équivalent et ensuite en un carré équivalent. (*Paris*, 1878. *Aspirants.*)

121. Étant données deux droites parallèles AB et CD coupées par une sécante en deux points F et G, démontrer que, si l'on mène les bissectrices des deux angles AFG et CGF, leur point de rencontre O sera à égale distance des deux parallèles et de la sécante. (*Paris*, 1878. *Aspirants.*)

122. Étant donné un parallélogramme ABCD et une droite MN menée par le sommet C (en dehors du parallélogramme), on abaisse des autres sommets A, B, D des perpendiculaires AA', BB', DD' sur la droite MN.

Démontrer que la perpendiculaire AA' abaissée du sommet opposé au sommet C par lequel passe la droite MN est égale à la somme des deux autres perpendiculaires. (*Paris*, 1877, *Aspirants.*)

123. Etant donné le côté AB d'un décagone régulier inscrit dans un cercle dont le centre est le point O, on joint les extrémités A et B au centre O et l'on mène la bissectrice de l'angle OAB. Démontrer que cette bissectrice rencontre la circonférence en un point D tel que l'arc AD est le triple de l'arc AB.
(*Nice*, 1877. *Aspirants.*)

124. Dessiner avec un rayon de 45^{mm} un hémisphère de la mappemonde avec les méridiens et les parallèles de 10° en 10°, d'après la projection stéréographique. (*Paris*, 1877. *Aspirants.*)

125. Un cylindre creux dont le diamètre intérieur a 20^{mm}, le diamètre extérieur 32^{mm} et qui a 40^{mm} de hauteur, repose par une de ses extrémités sur un plan horizontal. Sur la partie supérieure, on pose une sphère de 25^{mm} de rayon, dont une portion pénètre dans le cylindre. Dessiner les projections des deux solides ainsi placés; faire en pointillé les parties non visibles.
(*Seine-et-Marne*, 1878. *Aspirants.*)

PROBLÈMES NUMÉRIQUES

126. Sur les quatre côtés d'un carré comme diamètres, on décrit intérieurement des demi-circonférences qui se touchent deux à deux au centre du carré. Calculer la surface de la rosace à quatre branches ainsi formée, le côté du carré ayant 10 mètres.
(*Chambéry*, 1876. *Aspirants.*)

127. La largeur AB d'une fenêtre cintrée est égale à $1^{m},20$ et la flèche CD de l'arc de cercle formant le cintre a $0^{m},15$. Calculer le rayon du cercle auquel appartient l'arc ACB. (*Loiret*, 1878. *Aspirants.*)

128. Un terrain a la forme d'un trapèze ABCD dont la grande base AB a 64 mètres et la petite CD a 28 mètres; la hauteur a 36 mètres. Sur le côté AB est un puits P à 24 mètres de l'extrémité B. On demande de faire passer par le centre du puits une droite PM qui, rencontrant le côté CD en M, partage le terrain en deux parties équivalentes. Déterminer le point M où elle aboutit sur ce côté. (*Paris*, 1876. *Aspirants.*)

129. Un réservoir cylindrique a $2^{m},40$ de profondeur et doit contenir 1 200 litres d'eau; calculer le diamètre de sa base.
(*Paris*, 1877. *Aspirantes.*)

130. Un litre servant de mesure est en zinc dont la densité est 7,19. Sa hauteur est double du diamètre de sa base; l'épaisseur du métal est de 5^{mm}. Calculer son poids. (*Paris*, 1876, *Aspirants.*)

131. On veut découper un carton de manière à faire un abat-jour de lampe en forme de tronc de cône dont les circonférences des bases aient pour longueur $1^{m},005$ et $0^{m},189$, et dont le côté ait $0^{m},18$. Si on imagine que l'abat-jour soit développé sur un plan, en le fendant suivant un côté, le développement aura la forme d'un secteur circulaire tronqué. On demande quelle devra être la valeur (en degrés et minutes) de l'angle au centre de ce secteur, et quelle sera, en millimètres, la longueur du rayon terminé au grand arc. (*Dijon*, 1876. *Aspirants.*)

Sceaux. — Imp. Charaire et fils.

MÊME LIBRAIRIE

OUVRAGES DE M. PH. ANDRÉ

Nouveau Cours de Géométrie théorique et pratique, rédigé conformément aux nouveaux programmes officiels, à l'usage des *Établissements d'Instruction*, des aspirants au baccalauréat ès sciences et aux Écoles du Gouvernement, contenant plus de 1,100 problèmes résolus et à résoudre. *Onzième édition*. 1 magnifique volume in-12 de 500 pages, cart. . 4 »

Éléments de Géométrie théorique et pratique, à l'usage de tous les *Établissements d'Instruction*, des aspirants au baccalauréat ès lettres et des élèves de l'enseignement secondaire et spécial, contenant plus de 1,000 problèmes résolus et à résoudre. *Neuvième édition*. 1 très-beau volume in-12, de plus de 400 pages, cart.. . . . . 3 »

Exercices de Géométrie (*Problèmes et Théorèmes*), énoncés et solutions développées des questions proposées dans les deux ouvrages de Géométrie, à l'usage des *Établissements d'Instruction*, des aspirants au baccalauréat ès sciences et aux Écoles du Gouvernement. *Quatrième édition*. 1 fort volume in-8, broché . . . . 6 »

Énoncés des Exercices de Géométrie (*Problèmes et Théorèmes*) contenus dans le *Nouveau Cours de Géométrie* et dans les *Éléments*. *Deuxième édition*. 1 volume in-12, cart. . . . . » 60

Nouveau Cours d'Arithmétique (N° 4), rédigé conformément aux programmes officiels de l'enseignement secondaire classique et de l'enseignement secondaire spécial, à l'usage des *Établissements d'Instruction*, des aspirants au baccalauréat ès sciences et aux Écoles du Gouvernement, contenant un très-grand nombre de questions usuelles résolues et à résoudre. *Cinquième édition*. 1 volume in-8, broché. . . . . . . 4 »

Éléments d'Arithmétique (N° 3) à l'usage *de toutes les Institutions*, des aspirants au baccalauréat ès lettres, au brevet de capacité et aux élèves de 1re et de 2e année de l'enseignement spécial, contenant un très-grand nombre de questions usuelles résolues et à résoudre. *Quatrième édition*. 1 volume in-8, broché . . . . 3 »

Exercices d'Arithmétique (*Problèmes et Théorèmes*), ou énoncés et solutions développées des questions proposées dans le *Nouveau Cours d'Arithmétique* (n° 4) et dans les *Éléments* (n° 3), à l'usage des *Établissements d'Instruction*, des aspirants au baccalauréat ès sciences et aux diverses Écoles du Gouvernement. *Deuxième édition revue et corrigée*. 1 beau volume in-8, broché . . . . 5 »

Énoncés des Exercices d'Arithmétique (*Problèmes et Théorèmes*) contenus dans les Arithmétiques (n° 4 et n° 3). 1 volume in-8, br. 1 »

Arithmétique à l'usage des classes élémentaires. Ouvrage rédigé sur un plan tout à fait nouveau. *Cinquième édition*. 1 volume in-12, cartonné . . . . » 80

Solutions des Exercices proposés dans l'Arithmétique, à l'usage des classes élémentaires. 1 volume in-12, cartonné. . . . . . . » 60

BIBLIOTHEQUE NATIONALE DE FRANCE
3 7531 05084971 1

www.ingramcontent.com/pod-product-compliance
Ingram Content Group UK Ltd.
Pitfield, Milton Keynes, MK11 3LW, UK
UKHW020557180726
13838UKWH00001B/296